强对流天气的诊断模拟及其预报应用

周后福　郑媛媛　李耀东　邱明燕 等　编著

气象出版社
China Meteorological Press

内容提要

强对流天气研究是当前大气科学的重点领域和发展方向。本书介绍了近年来强对流天气的诊断分析、数值模拟和预报应用情况的研究成果，是作者多年来有关强对流天气的数值模拟和预报预警研究成果的总结和提炼，主要以强对流天气(包括冰雹、雷雨大风、短时强降水、龙卷风等)为研究对象，综合、系统地论述强对流天气的物理量指标、特征分析、效果评估、触发机制、短时预报技术、临近预报技术及其应用情况。

本书适于从事强对流天气等相关研究方向的业务科研人员及学生参考。

图书在版编目(CIP)数据

强对流天气的诊断模拟及其预报应用/周后福等编著.
北京:气象出版社,2009.5
ISBN 978-7-5029-4730-9

Ⅰ.强…　Ⅱ.周…　Ⅲ.对流-气流(气象)-研究
Ⅳ.P425.8

中国版本图书馆 CIP 数据核字(2009)第 052492 号

出版发行:气象出版社

地　　址:北京市海淀区中关村南大街 46 号	**邮政编码**:100081
总 编 室:010-68407112	**发 行 部**:010-68409198
网　　址:http://www.cmp.cma.gov.cn	**E-mail**: qxcbs@263.net
责任编辑:蔺学东　李太宇	**终　　审**:章澄昌
封面设计:王　伟	**责任技编**:吴庭芳
印　　刷:北京中新伟业印刷有限公司	**彩　　插**:6
开　　本:787mm×1092mm　1/16	**印　　张**:7.75
字　　数:192 千字	**印　　数**:1～2000
版　　次:2009 年 4 月第 1 版	
印　　次:2009 年 4 月第 1 次印刷	
定　　价:25.00 元	

前　言

全球变化、自然灾害是当今人类面临的重大全球性问题，正在影响社会经济可持续发展，严重威胁人类的生存安全。由于人类盲目活动对自然环境的破坏，导致自然资源和自然环境不断恶化，从而在某种程度上诱发和加剧全球异常气候变化和自然灾害频发，并进一步导致人类社会环境和自然环境的恶化。

各类自然灾害中绝大部分是气象灾害，对人类生存安全威胁最大的也是气象灾害。气象灾害在自然灾害中出现次数最多，是发生范围最大、危害面最广、造成损失最严重的自然灾害。20 世纪 80 年代联合国在其行动纲领中明确指出，全球重大灾害中有 80% 是气象灾害或与之有关的灾害。因而减轻气象灾害造成的影响和损失已成为各国政府和科学家共同关心的话题，也是当今人类面临的一项迫切任务，必须下大功夫加以分析、研究和解决。

强对流天气是导致气象灾害常见的一类天气。它是大气对流活动强烈发展而产生的灾害性天气，其特点是空间尺度小、生命史短、突发性强、发展演变迅速、破坏力大，是各级政府和社会公众十分关注的问题，对其进行准确监测和及时预警是各级政府和社会公众的迫切需求，也是气象服务的重点和难点问题。利用当前先进的大气监测手段，结合数值预报等对强对流天气进行监测预警已成为国内外的主要发展趋势。由于强对流天气的突发性、局地性、要素场的不连续性，常规观测手段限于其时空分辨率，难以捕捉到强对流天气的有效气象信息，导致对强对流天气的预警能力较低、预报方法较少。随着大气监测手段的提高和计算机技术的发展，尤其是多普勒天气雷达、闪电定位仪以及自动雨量站的不断布设和使用，为强对流天气的预警和研究提供了极好的探测手段；先进的数值预报模式的逐步使用和多普勒天气雷达网的逐步完善，为强对流天气的短时预报和临近预报提供了最佳的预报手段和预报方法。

本书的出版，可以明显提高公众对强对流天气基本概念、强对流天气分析预报的接受能力，不断提升读者对强对流天气预警方面的认知能力，有助于地方政府、有关部门制定防灾抗灾决策，有助于公众及时采取防范措施，从而有效提高防灾减灾能力，减轻灾害造成的生命财产损失，因此具有显著的经济效益和社会效益。

作者近几年陆续主持和参与了多项强对流天气的数值模拟和预报预警项目的研制，积累了大量强对流天气的研究经验，培养了强对流天气的研究团队，通过科研人员和业务预报人员在科研过程中的密切配合，提升了强对流天气的科研应用价值。为了系统而全面地反映强对流天气的数值预报模式模拟，总结短时和临近预报预警技术，进一步发挥强对流天气的预报作用和预报效果，减轻灾害性天气造成的损失，有必要出版一本有关强对流天气诊断分析、数值模拟和预报技术等方面的专著，以便广大气象业务科研人员、学生了解和掌握强对流天气的模式模拟和预报情况，更好地服务于各级政府和社会公众。

本书分为 7 章，第 1 章是强对流天气的概述；第 2 章介绍强对流天气的基本物理量和诊断、分析及其评估；第3章针对强对流天气进行特征分析；第4章从数值模拟角度论述常用模拟方法；第5章和第6章分别从短时、临近预报方法和监测方面介绍强对流天气的实时监测、预报思路和预报手段；第7章论述强对流天气预报应用状况。

承蒙安徽省气象科学研究所所长、正研级高工张爱民的大力支持，使得本书得以正式出版。本书的出版，得到各位编著者的大力支持，他们包括安徽省气象台预报科部分同事，以及安徽省气象科学研究所的张建军、翟菁、丁太胜，安徽省气象台陈晓红正研级高工，安徽省气候中心钱玉萍等。同时对安徽省气象局副局长胡雯，中国科学院大气物理研究所王斌研究员、张美根研究员，中国气象局培训中心俞小鼎教授，安徽省气象科学研究所的邓淑梅、冯妍和安徽医科大学附属医院陶小珍等同志所做的帮助和支持表示诚挚的谢意。本书是作者近年来相关科研项目的总结，因此也对项目的支持单位——中国气象局、中国科学院大气物理研究所、安徽省气象局、上海区域气象中心、灾害天气国家重点实验室等表示衷心感谢。特别对本书的各位合作者表示由衷的谢意。

由于作者水平有限，书中错误在所难免，恳请读者批评指正。

作者

2009年4月

目 录

前言
第1章 强对流天气概述 ……………………………… (1)
1.1 强对流天气的概念 ……………………………… (1)
1.2 强对流天气国内外研究进展 ……………………………… (2)
1.3 强对流天气损失概述 ……………………………… (5)
1.4 强对流天气的主要预报技术 ……………………………… (6)
参考文献 ……………………………… (8)
第2章 强对流天气的物理量指标及诊断评估 ……………………………… (10)
2.1 物理量指标和评估方法简介 ……………………………… (10)
2.2 强对流天气的能量指标 ……………………………… (11)
2.3 强对流天气的对流不稳定指标 ……………………………… (12)
2.4 强对流天气的综合指标 ……………………………… (13)
2.5 强对流天气的诊断分析 ……………………………… (14)
2.6 强对流天气的效果检验评估 ……………………………… (19)
参考文献 ……………………………… (20)
第3章 强对流天气特征分析 ……………………………… (21)
3.1 安徽省强对流天气时空分布 ……………………………… (21)
3.2 强对流天气总能量分布特征 ……………………………… (25)
3.3 连续强对流天气诊断分析 ……………………………… (29)
3.4 强雷暴大风个例分析 ……………………………… (33)
3.5 龙卷风的中尺度分析 ……………………………… (36)
3.6 强对流天气的触发机制分析 ……………………………… (45)
参考文献 ……………………………… (48)
第4章 强对流天气的数值模拟 ……………………………… (50)
4.1 强对流天气的数值模拟概述 ……………………………… (50)
4.2 短时强降水的 MM5 模式模拟 ……………………………… (51)
4.3 短时强降水的 AREM 模式模拟 ……………………………… (54)
4.4 强对流天气微物理量的 MM5 模式模拟 ……………………………… (56)
4.5 强对流天气动力因子的 MM5 模式模拟 ……………………………… (65)
4.6 雷暴大风的 ARPS 模式模拟 ……………………………… (68)

参考文献 …………………………………………………………………………………………… (82)
第5章 强对流天气的短时预报技术 ……………………………………………………………… (83)
5.1 主要技术思路和技术流程……………………………………………………………… (83)
5.2 指标选择分析……………………………………………………………………………… (85)
5.3 0～12 h强对流天气预警系统 …………………………………………………………… (86)
参考文献 …………………………………………………………………………………………… (95)
第6章 强对流天气的监测、临近预报 …………………………………………………………… (96)
6.1 基于闪电资料的强对流天气监测预警…………………………………………………… (96)
6.2 基于雷达资料的强对流天气监测预警 ………………………………………………… (101)
6.3 雷达资料的0～1 h临近预报系统………………………………………………………… (102)
参考文献……………………………………………………………………………………………… (103)
第7章 强对流天气的预报应用情况 ……………………………………………………………… (104)
7.1 业务运行情况 ……………………………………………………………………………… (104)
7.2 预报效果回顾 ……………………………………………………………………………… (114)
参考文献……………………………………………………………………………………………… (116)

第 1 章　强对流天气概述

1.1　强对流天气的概念

由对流性风暴产生的天气现象称为对流性天气,强对流天气则是大气对流活动旺盛、强烈发展的对流性天气,属于产生较大破坏力的灾害性天气。强对流天气发生在对流云系或单体对流云块中,在气象上属于中小尺度天气系统。强对流天气的特点是空间尺度小、生命史短、突发性强、发展演变迅速、破坏力大。强对流主要由中小尺度天气系统引起,水平范围大约十几至二三百千米,气象要素场上常出现风的切变、气压涌升、气象要素不连续等特征[1]。大多数的强对流天气属于局地性的,波及的范围不大,维持时间不长,个别时候也会出现范围较大的强对流天气。

强对流系统常常与强风暴系统有关,尤其是中纬度地区,许多强烈的天气常常由有组织的强对流系统所造成的。中纬度的强对流系统最能明显地显示出各种尺度系统之间的相互作用。强对流与各种尺度(从天气尺度到微物理尺度)的运动场、温度场和湿度场的发展都有关系,它们是大尺度系统热力和动力作用的结果,反之,对流通过潜热释放和各种物理量的输送又影响大尺度环境。因而通过强对流系统演变的研究,可以深入地了解尺度相互作用的问题[2]。

强对流天气的大尺度天气学条件是丰沛的水汽、条件性不稳定层结和抬升触发机制。其中水汽所起的作用不仅为成云致雨提供条件,而且水汽的垂直分布和温度的垂直分布,都是影响气层稳定度的重要因子。触发机制也称启动机制,指气块抬升到凝结高度的条件,是强对流天气产生的动力因子。水汽和不稳定层结两个条件可以认为是发生对流性天气的内因,而抬升条件则是外因,这三个条件是有机联系在一起的。强对流天气的诊断和预报也正是以此三个条件进行综合分析和判断的[2]。

强对流天气一般是指短时强降水、雷暴(雷电)、短时大风、冰雹、龙卷风等几种类型的对流性天气[3]。短时强降水和暴雨、大暴雨之间有一定的区别,大范围的暴雨洪涝不属于强对流天气,时间分布较为均匀的暴雨不一定属于强对流天气,只有局地性的短时阵性降水才可以称为强对流天气。一日降水超过 50 mm,达到了暴雨的等级标准,可是如果该降水相对比较均匀地分布,那么就不是短时强降水。短时强降水是指短时间内出现较强降水的天气,有的分为 1 h 降水量为 10 mm、20 mm 和 30 mm 3 个等级[3],另外有的规定 3 h 降水量达到 20 mm[4]。雷暴大风要求风速达到大风等级,有时会伴有阵雨,所以此时称其为雷雨大风。

人们习惯于把跟雷电活动相伴的天气称为雷暴[5]。全国自然科学名词审定委员会公布的定义为:雷暴是指由于强积雨云引起的伴有雷电活动和阵性降水的局地风暴;在地面观测中仅指伴有雷鸣和闪电的天气现象[6]。按照世界气象组织给出的定义,在本站听到雷声的观测日称为雷暴日。雷暴按强度可分为一般雷暴和强雷暴两类。所谓雷暴强度一般以上升气流强度、尺度、穿透深度以及地面风力大小、雹块大小等因子表征。当大气中的层结处于不稳定时容易产生强烈的对流,云与云、云与地面之间电位差达到一定程度后就要发生放电,有时雷声隆隆、耀眼的闪电划破天空,常伴有大风、阵性降雨或冰雹,因此雷暴天气总是与发展强盛的积雨云联系在一起。

冰雹是从雹云中降落雹粒至地面的天气现象,是一种固态降水物,系圆球形或圆锥形的冰块,由透明层和不透明层相间组成,又称雹或雹块。直径一般为 5～50 mm,大的有时可达 10 cm 以上。冰雹发生在冰雹云之中,与冰雹云紧密相连。冰雹云是一种发展十分强盛的积雨云,而且只有发展特别旺盛的积雨云才可能降冰雹。冰雹是雷雨云中水汽凝华和水滴冻结相结合的产物。雹以雹胚(霰或冰粒)为核心,外面包有好几层冰壳。雹的密度大致在 300～900 kg/m^3,平均为 700～800 kg/m^3,大冰雹的降落速度可达 30 m/s 或更大。冰雹云是由水滴、冰晶和雪花组成的,一般为 3 层:最下面一层温度在 0℃ 以上,由水滴组成;中间温度为 0～−20℃,由过冷却水滴、冰晶和雪花组成;最上面一层温度在−20℃以下,基本上由冰晶和雪花组成。冰雹云过境时,气象要素发生急剧变化,气压跃升、温度急降、湿度猛增;气象站风场会有显著变化,风向发生转变或风速加大,此后降水量迅速增大,随之在地面出现降雹天气[7]。冰雹以夏季或春夏之交最为常见,它是一些小如绿豆、黄豆,大似板栗、鸡蛋的冰粒。根据一次降雹过程中多数冰雹的直径、降雹累计时间和积雹厚度,可以将冰雹分为 3 级:轻雹、中雹和重雹:①轻雹为多数冰雹直径不超过 0.5 cm,累计降雹时间不超过 10 min,地面积雹厚度不超过 2 cm;②中雹为多数冰雹直径 0.5～2.0 cm,累计降雹时间 10～30 min,地面积雹厚度 2～5 cm;③重雹为多数冰雹直径 2.0 cm 以上,累计降雹时间 30 min 以上,地面积雹厚度 5 cm 以上。

龙卷风是从强对流积雨云中伸向地面的小范围快速旋转的漏斗状云柱,往往有一个甚至几个漏斗状云柱从云底向下伸展,同时伴有狂风、暴雨、雷电或冰雹等灾害性天气。根据龙卷风形成的环境,可分为陆龙卷(产生在陆地上空)和水龙卷(产生在海面或水面上空)。雷暴是形成龙卷风的必要条件,在雷暴顶部靠近云顶的地方,风向必须与下面的风相反,这样才能使低层的空气得以旋转[8]。由于龙卷风属于小尺度天气系统和小概率事件,其时间、空间随机性比较强,目前绝大多数的气象探测设备和探测系统都无法有效监测、追踪龙卷风的发生发展,因此,对龙卷风的中尺度系统结构特征、演变情况知之甚少,更难对其进行准确的预报预警。

1.2　强对流天气国内外研究进展

强对流天气由于其范围小、持续时间短、局地性强的特点以及要素场的不连续性,常规观测手段限于其时空分辨率,难以捕捉到强对流天气的气象信息,导致对强对流天气的监测能力较低、预报方法较少。随着大气监测手段的提高和计算机技术的发展,尤其是多普勒天气雷达、闪电定位仪以及自动雨量站的应用,为强对流天气的预警和研究提供了极好的手段。利用当前先进的大气监测手段结合数值预报等对强对流天气进行监测预警的研究已成为国内外的主要发展趋势。

强对流发生发展是一种能量释放和不稳定调整过程。雷暴大风和暴雨为两类典型的对流天气，但两类对流天气差异很大。前者生命周期短、水平空间尺度小，天气变化剧烈程度较大。后者生命周期相对较长，尺度较大，信号也相对明显。前者经常呈现的是单体、超级单体或飑线形态，后者通常为中尺度对流系统、中尺度对流复合体，或者伴随一定天气系统发生。稳定度、对流能量和动力参数在不同强对流天气类型中所起的作用也不同。两类天气物理过程差异大，如何准确地计算各类因子，分析其在对流天气中的作用，对准确认识和理解天气过程十分重要。两类天气的业务预报均有很大难度，前者偶发性大，后者中心位置和雨量预报也很有难度。

国内外气象学者对强对流天气诊断、预报方法的研究已有很多成果，但在实用有效的短时预报手段方面尚需做进一步探讨。我国目前对这类天气的预报主要是根据实况观测资料（包括雷达和卫星探测资料）作外推或根据预报员的经验总结出来的强对流天气概念模型来进行[9]。国外利用加密的中尺度观测及卫星、雷达资料，采用变分同化技术、非静力中尺度模式对某些强对流天气的预报已显示出一定的能力，然而目前的业务数值预报模式还不能真正预报 12 h 或其以上时间尺度的强对流天气[10]。

能量天气学已经在强对流天气预报方面取得了一定进展。从能量学角度看，强对流天气过程是能量的积累和在一定条件下强烈转化和释放的过程[11]。早在 20 世纪 50—60 年代，中国气象学家推广了与大气湿绝热过程密切相关的假相当位温在暴雨和对流性天气分析中的应用，从而推进了对流稳定度参数和能量方法在中国科研工作及业务预报中的应用和开发。叶笃正、陶诗言、曾庆存都曾指出，能量方法用于中国暴雨和强对流天气的分析和预报中可揭示许多重要现象。20 世纪 80 年代初中期，雷雨顺在能量天气学方面的研究进一步推进了对流能量和不稳定度参数在中国的应用；雷雨顺等曾用能量方法在强对流天气的分析和预报方面做了大量研究工作[12]；高守亭等还将与动力—热力都相关的里查森数用来判别中尺度波动不稳定，并用于强对流发生机制的研究[13]。

强对流天气中出现频次最多的是强雷暴天气。20 世纪 70 年代，Miller 研究认为：强雷暴只出现在强热力学不稳定和强动力学因子都出现的环境中[14]。然而，后来的研究发现，在强（弱）的热力学条件和弱（强）的动力学条件下也可出现强天气。研究还表明，几乎所有的局地强风暴都与深对流有关，而与有组织的深对流系统联系最密切的 3 个重要因素是：①对流层低层有足够的湿层以保证有充足的水汽供应；②充分大的温度直减率以保证足够的不稳定能量；③足够的抬升力以使气块能从湿层到达自由对流高度[15]。

自 20 世纪 80 年代以来，气象学者将螺旋度应用到强风暴的旋转发展维持机制及其相关的大气现象研究中，并对其在强对流天气分析预报中的应用进行了数值试验。强风暴具有高螺旋度特征，且稳定的强对流风暴常发生在螺旋度值大的地方；高螺旋度阻碍了扰动能量串级，对超级单体风暴的维持有重要作用，而超级单体风暴的传播又使得螺旋度的作用达到最优。螺旋度在中国的暴雨和强对流天气分析及预报中也有一定的应用。杨越奎等用螺旋度分析了 1991 年 7 月江淮的梅雨暴雨，发现 z—螺旋度与几次中尺度暴雨过程有很好的对应关系。吴宝俊等用地转螺旋度分析了三峡大暴雨过程，也发现螺旋度的垂直分布结构与暴雨过程有一定的联系[16]。李耀辉、寿绍文根据螺旋度理论，分析暴雨过程中暴雨演变以及对流层低层的中尺度低涡及地面气旋发生发展的原因，结果表明：正的旋转风螺旋度大值中心及其演变较好地反映了暴雨中心及造成暴雨的中尺度涡旋的发生位置及演变；较大的螺旋度是暴雨及低层中尺度低涡和地面气旋系统发生发展的机制之一[17]。

强对流天气类型的发展很大程度上取决于其所处环境尺度的大小。各种对流参数从不同侧面反映了环境特性,对判断对流发展与否及预报对流天气类型都有一定的帮助。热力不稳定和能量参数主要反映的是大气的热力结构状况及与其相关的对流潜在的可能性和强度;动力不稳定参数反映了大气的动力环境是否有利于强对流的发生及环境场对风暴类型的可能影响。强的热力学不稳定结合强的动力学环境有利于强天气的发生和发展,而大量的观测和数值试验分析也同时表明:弱的垂直风切变结合强位势不稳定或相反的环境中也可以发生强对流,即垂直风切变与位势不稳定两者之间存在着某种平衡关系。Weisman 和 Klemp 据此引入了粗里查森数(BRN)的概念。

由于强对流天气的中小尺度特性及其发生、发展的复杂性,使用数值预报结果或用常规天气图方法直接做强对流天气的定点、定时、定量短时预报十分困难。目前既缺乏对强对流天气形成的物理机制、发展演变规律的充分了解,又缺乏预报这类天气的必需和客观的方法,因而造成预报时效短、准确率低的问题[18,19]。随着探测手段特别是卫星和雷达等非常规探测技术的不断进步和数值预报的发展,对强对流天气的认识在不断加深,预报水平也逐渐提高。特别是随着数值预报模式时空分辨率的提高,气象学家对强对流天气成因及发展过程有了更进一步的认识。目前预报员根据探空及数值预报资料分析已经能够较成功地确定预报区域中是否会发生对流,而预报的主要困难在于确定对流发生的时间、落区、强度及类型。

主要发达国家运用有限区域数值天气预报(NWP)模式来指导强对流天气的展望预报,其中许多国家业务模式的分辨率已经或正在接近中尺度分辨率,而且这些模式的准确率还在不断提高。尽管模式预报还不完全尽如人意,但是这些模式的输出产品却包括了有关大气运动和热力学结构时空变化的信息。如果对数值模式提供的大气结构及其演变能够有更深刻的理解,无疑将使预报员受益匪浅。虽然这些输出产品并不提供单个雷暴的具体预报,而是提供一种警报,但此可将短时预报的注意力集中到强雷暴最可能发生的地区,如果模式和诊断足够准确的话,则其就可为强风暴的预报提供良好的基础。

目前利用多普勒雷达资料变分同化技术,高分辨率风暴模式已可以成功地模拟某些强天气过程[20],并用于强对流天气的临近预报,但这种预报时效还较短。更普遍地来说,利用大、中尺度模式的输出结果,制作强对流天气落区和强对流天气发展趋势的展望预报仍然是很多气象业务单位当前所面临的共同任务。新的观测资料源和模式输出产品给预报员提供数量巨大的可选资料,在了解当地气候特性的基础上,准确地使用这些资料并充分利用各种动力和能量参数的特性,可以有效地提高各类强对流天气的预报水平。近几年来,气象学家也就此研究了各种方法。Stensrud 认为,在强对流天气预报决策中必须使用释用方法,并提出了模式输出参数法;与此同时,Hart 等提出了另一种释用方法——逐时模式生成探空廓线法;而 Ostby 也指出,对于各个对流参数,不仅可以用初始分析资料很容易计算出来,而且可以使用各种预报时效的预报模式输出资料计算出来,使它成为更有用的工具。与由大尺度模式输出计算对流参数相比,由中尺度模式输出计算的这些参数将更有用。在掌握中尺度环境如何影响强对流演变的基础上,不但确定强对流出现的地点和时间,还要确定对流的型式已成为强风暴预报现在和未来的方向与目标,中尺度及高分辨率风暴模式输出对流参数也将会在此过程中进一步发挥重要作用。

1.3　强对流天气损失概述

强对流天气是一种发生突然、移动迅速、天气剧烈、破坏力极大的灾害性天气，主要有雷雨大风、冰雹、龙卷风以及短时强降水等。强对流天气在全国总体上呈现出南方多暴雨、局地洪涝、山地灾害和北方多冰雹、雷雨大风灾害的特点。强对流天气来临时，经常伴随着电闪雷鸣、风大雨急等恶劣天气。

强对流天气过程中，雷击造成人员伤亡，损坏建筑物和输电、通信设施以及影响航空运输；雷暴大风吹毁建筑物、树木，影响水运安全；冰雹最主要的是砸坏农作物和房屋、设施，短时低温也影响农作物的正常生长和发育；龙卷风具有很强的摧毁力；强雷雨有时还是局地山洪、山地灾害和大范围持续性暴雨的元凶，都影响着人们生命财产的安全。2007 年 5 月 28 日，南方很多地方发生强对流天气，造成 61 人死亡，57 人失踪，直接经济损失 17 亿元。2008 年 7 月 7 日、18 日、19 日甘肃省发生的强对流天气，造成定西、临夏、平凉、庆阳等 6 市州、20 个县、93 个乡共 62.7 万人受灾，因灾死亡 5 人；农作物受灾面积 67035.2 hm^2，绝收 15912.78 hm^2；倒塌房屋 87 间，损坏 21783 间；灾害造成直接经济损失 5.6 亿元。据不完全统计，安徽省 2000—2005 年间，大风冰雹灾害共造成 153 人死亡，直接经济损失达到 73 亿余元，对当地人民的财产和人身安全构成了巨大的威胁。

雷暴大风的风力一般小于龙卷风，但它的发生不仅有大风，而且伴随有电闪雷鸣和暴雨等现象，个别的雷鸣巨响使人感觉到有如地震一般。雷雨大风可导致人畜伤亡、房屋倒塌和大片农作物被毁等。强雷暴是一种灾害性天气，雷电会引起雷击火险，大风刮倒房屋，拔起大树，果木蔬菜等农作物遭冰雹袭击后损失严重，甚至颗粒无收，有时局地暴雨还会引起山洪暴发、泥石流等地质灾害。如安徽省 2004 年多个地区出现雷雨大风灾害，3 月 17 日 42 个市县出现大风天气，最大风速达到 27 m/s，受灾人口 17.2 万人，直接经济损失 7500 万元。

短时强降水易于形成洪水内涝，影响作物生长，影响人类正常的工作生活环境和健康，甚至威胁人类的生命。作物超时浸泡会烂根、死苗；房屋、堤坝长期浸泡会倒房、坍堤、垮坝。此外，内涝易于瘟疫和作物病虫害的传播。洪水可冲毁堤坝，淹没农田，毁掉庄稼，冲击桥梁，淹没房屋和家园，使人们流离失所，人畜均难逃其浩劫。短时强降水常构成暴雨的一部分，如 1997 年 5 月 7—9 日，广东省清远市和广州市北部普降短时暴雨，清远市源潭镇降 939 mm；高桥镇降 512 mm；佛冈县龙山镇降 614 mm；广州的花都市梯面镇降 460 mm，从化龙潭镇降 425 mm，由于暴雨集中，强度大，致使山洪暴发，山体下滑，江河水位猛涨，部分堤围溃决，造成极其严重的洪涝灾害，受灾人口 36 万人，死亡 112 人。倒塌房屋 1.83 万间。乡镇企业停产 65 个，冲毁桥涵 52 座。损坏高压输电线路 12 km，损坏通讯线路 82 km，农业受浸面积 3.97 万 hm^2，直接经济损失达 13.7 亿元。

降雹形成的灾害虽然是局部和短时的，但后果是严重的。降雹会砸坏农作物、果园、房屋和其他设施、设备，致人畜伤亡。我国除广东、湖南、湖北、福建、江西等省冰雹较少外，各地每年都会受到不同程度的雹灾。尤其是北方的山区及丘陵地区，地形复杂，天气多变，冰雹多，受害重，对农业危害很大，猛烈的冰雹砸毁庄稼，损坏房屋，人被砸伤、牲畜被打死的情况也常有发生。因此，雹灾是我国严重气象灾害之一。中国是冰雹灾害频繁发生的国家，冰雹每年都给农业、建筑、通讯、电力、交通以及人民生命财产带来巨大损失。据有关资料统计，我国每年因冰雹所造成的经济损失达几亿元甚至几十亿元。如 2007 年 7 月 15 日，安徽境内的霍邱、庐江、桐城、枞阳、芜湖、贵池、石台、黟县等 8 个县（市、区）受强对流天气影响，不同程度发生冰雹灾害。经初步统计，此次受灾人口达 31.54 万人，农作物面积近万公顷，倒塌房屋 49 间，直接经济损失 2054 万元。

龙卷风影响范围虽小，但造成的灾情却很大，轻者会把地面的水、尘土、泥沙卷起，重者可拔倒树木、吹倒房屋，卷起人、畜、重型机械。龙卷风对建（构）筑物造成破坏的原因是：当其经过地面建筑物或构筑物时，由于它的内部气压极低，集聚的能量非常巨大，造成建（构）筑物内外强烈的气压差，顷刻间能量迅速释放，就会使建（构）筑物发生“爆炸”。如果龙卷风的爆炸作用和巨大风力共同施展威力，那么它们所产生的破坏和损失将是极端严重的。其所到之处，摧毁房屋，毁坏农田，扭翻铁轨，破坏机场，残害生命，因此对人民生活、社会生产等都造成极大危害。龙卷风的风向旋转时，中心风力可达 100～200 m/s，具有极大的破坏力。如 2003 年 7 月 8 日夜间 23 时 30 分左右，一股强龙卷风袭击安徽省无为县百胜镇和六店乡的 6 个行政村，造成了人员和财产的严重损失。据调查，这次灾害造成 16 人死亡，162 人受伤，1072 间房屋倒塌，近 140 hm^2 农田受灾。

1.4　强对流天气的主要预报技术

国内许多研究人员开展了大量的关于强对流天气预报方面的研究工作。目前很多国家根据不同的方法进行了短期雷暴、强降水、冰雹甚至龙卷的预警预报工作，主要的预报方法有 4 种[2]：①根据影响天气的大尺度条件分析，确定其出现最可能位置和时间，这种方法叫落区法。在强对流天气的监视和预报中，雷达和地球同步卫星的观测起着很重要的作用。②根据一定的指标或图表、总能量分析以及各种稳定度指数分析，确定强对流可能出现的概率。③动力—统计方法。大尺度数值预报不能直接报出强对流天气的发生和强度，但是可以报出与强对流天气发生和强度有关的一些物理量，因而可以把这些物理量当作预报因子，建立它们与强对流天气的统计关系。④数值预报方法。目前这方面已取得明显进展，这是因为中尺度模式得到了迅速发展、改进和应用，尤其是 MM5 中尺度模式。近年来，不少国家开展了临近预报和短时预报，也取得了一些成效，并利用现代化的通讯和服务网迅速将预报和预警及时传达给用户。

依据大尺度天气条件，确定强对流天气的可能位置及其时间，有直接采用高空探测资料的手段，也有结合数值模式输出的探空资料，制作格点上的预报手段。李耀东等[9]结合数值模式输出探空分析，预报不稳定和对流能量的区域分布，在此基础上建立了综合多指标叠套强对流天气落区预报方法。傅昺珊[21]利用风云 2 号气象卫星水汽通道的云图进行强对流天气的临近预警，发现每小时 1 次的风云 2 号云图对强对流天气有着重要指示作用，尤其水汽图反映了大气中上层的水汽分布，水汽区的活动、干湿区边界、暗区等都与强对流的发生发展有着密切关系，并找出了可以作为临近预警的关键指标。陈子通等[22]设计了一种模式探空的订正和产品的形成方法，并制作产品显示系统，它可以方便地提供地面站点模式探空和交互式模式探空的图形产品，研究表明模式探空产品对强对流天气预报有帮助。美国的局地强风暴室

(SELS)[23]根据不同时间尺度的预报产品来调整强局地风暴的预报方法，首先检查短期模式预报结果，以判断与强局地风暴发展有关的那些参数和天气型的发展趋势，并与当时的对流展望一起考虑，实现对强局地风暴的预报。

根据能量分析和稳定度指标，分析强对流天气出现概率，具有一定的物理意义。叶笃正[24]、陶诗言[25]、曾庆存[26]都曾指出，能量方法用于中国暴雨和强对流天气的分析和预报中可揭示许多重要现象。20世纪80年代中期，雷雨顺[12]在能量天气学方面的研究大力推进了对流能量和不稳定度参数在中国的应用；雷雨顺等[27,28]曾用能量方法在强对流天气的分析和预报方面做了大量研究工作；周后福等[19]基于1995－2001年强对流天气过程和高空探测资料，计算了K指数、A指数、位势不稳定指标以及能量平衡高度、位势不稳定能量等指标，并进行量化检验和预报指标的对比。

以与强对流天气有关的因子作为预报因子，建立强对流天气的统计关系或预报方程的方法得到较为广泛的应用。美国的Maglaras等[29]选取能较好反映大气状态的参数作为预报因子，用148个样本资料计算了选取的9个因子与预报对象的相关系数，最后用统计相关和回归程序作出回归分析，最后选取了5个预报因子建立了雷暴预报的回归方程。高守亭等[13,30]还把与动力—热力都相关的里查森数用来判别中尺度波动不稳定，并用于强对流发生机制的研究。1996年Colquhoun等[31]应用208个龙卷风的临近探测资料，对龙卷风强度与各种物理参数进行相关分析，选取相关较好的参数作为自变量，进行逐步回归，建立了龙卷风强度的回归预报方程。刘玉玲[32]结合强对流天气发生发展的物理机制，介绍了与浮力能和风切变有关的几个对流参数的物理概念和计算方法，并分析了这些参数在强对流天气潜势预测中的作用。

随着数值模式时空分辨率的提高，很多学者利用数值模式释用技术来预报强对流天气。何宏让[33]将实测探空资料作为初始资料，应用许焕斌的二维可压缩大气云尺度模式，对副热带高压后部的强雷暴产生及发展进行了数值模拟和分析，总结出了强对流天气发生的先兆。石步鸠等[34]通过对南非一次强雷暴天气个例的诊断分析，将数值预报产品在等压面坐标和等熵面坐标下分别进行强对流天气的诊断，得出在等熵面坐标下能更好地预报强对流天气发生的可能性，提供了运用数值预报产品诊断强对流天气的方法。1997年，Stensrud等[35]提出了利用中尺度模式输出的对流参数(CAPS、SRH、BRNSHR等)，归纳出了利用对流参数分辨超单体以及龙卷超单体雷暴的可行途径。1998年，Hart等[36]指出利用逐时模式生成探空，有助于制作雷暴潜势预报，并将逐时模式生成探空应用于湍流、雾、低层湿度、低层层云的预报试验。

目前新一代多普勒雷达是对龙卷风实施监测和预警的最有力工具之一，然而多数情况下在龙卷风出现时多普勒雷达才能及时捕捉到龙卷风的有效信息，这也成为多普勒雷达在龙卷风的实时监测预警方面的缺陷，即多普勒雷达在预测龙卷风出现时间方面存在一定的难度。为此需要利用数值预报模式进行模拟和预测，作为多普勒雷达的重要补充手段，共同实现对局地性非常强的龙卷风的监测和预警。廖玉芳[37]分析了新一代天气雷达探测区内的强对流天气(雷雨大风、冰雹、龙卷风)在雷达回波强度场及速度场上的表现特征并进行了归类分析，在此基础上建立了适用于当地的基于单多普勒天气雷达产品的强对流天气预报方法。

由于雷电灾害给全球造成的经济损失每年在10多亿美元以上，故1987年联合国将雷暴列为最严重的十大自然灾害之一，因此，国内外学者对雷暴预报开展了大量的研究工作。20世纪80年代，澳大利亚的Colquhoun将决策树方法用于雷暴的预报[38]，20世纪90年代以后，

Mills 与 Colquhoun[39,40]又提出了与澳大利亚区域数值天气预报模式(LAPS)相结合的决策树方法,使得雷暴预报决策树方法的预报功能得到了进一步的提高。加拿大气象中心从业务角度出发,制作出 12 种预报图作为夏半年强对流天气预报的指导,其中风暴强度指数 SSI 图可以作为判识、区别强雷暴与非强雷暴的一个参数[41]。瑞士的 Huntrieser 等[42]在 1996 年指出,虽然已经研究出了很多预报雷暴的指数,但是将其用于瑞士时,预报效果却往往不甚理想,因此他们针对瑞士情况,研究出了适用于当地的预报雷暴的指数 SWISS 与 CS 指标,提高了雷暴的预报效果。

尽管对于强对流天气的预报预警研究工作取得了很多进展,但是强对流天气的预报还有不少问题没有完全解决。首先是对中尺度系统的各种重要物理过程缺乏完整的基本认识,其次是目前的观测网络还不能满足中尺度预报的要求,然后还必须发展有效的中尺度资料同化与分析技术[2]。因此,对于强对流天气的预报预警工作任重而道远。

参考文献

[1] 朱乾根,林锦瑞,寿绍文等. 天气学原理和方法. 北京:气象出版社,1992:568, 631.

[2] 丁一汇. 高等天气学. 北京:气象出版社,1991:309,402.

[3] 陈思蓉. 我国强天气时空分布特征及极端事件动力诊断研究. 南京信息工程大学硕士学位论文,2008.

[4] 应冬梅,许爱华,黄祖辉. 江西冰雹、大风与短时强降水的多普勒雷达产品的对比分析. 气象,2007,**33**(3):48-53.

[5] 孔燕燕,沈建国. 强雷暴预报. 北京:气象出版社,2001.

[6] 大气科学名词审定委员会. 大气科学名词. 北京:科学出版社,1996:6-12.

[7] 张强,康凤琴,孙旭映等. 冰雹和冰雹云. 北京:气象出版社,2006:1.

[8] 迈克尔(朱晓宁译). 龙卷风. 上海:上海科技文献出版社,2006:12.

[9] 李耀东,高守亭,刘健文. 对流能量计算及强对流天气落区预报技术研究. 应用气象学报,2004,**15**(1):10-20.

[10] 彭治班,刘健文,郭虎等. 国外强对流天气的应用研究. 北京:气象出版社,2001:3-17.

[11] 李耀东,刘健文,高守亭. 动力和能量参数在强对流天气预报中的应用研究. 气象学报,2004,**62**(4):401-409.

[12] 雷雨顺. 能量天气学. 北京:气象出版社,1986.

[13] 高守亭,孙淑清. 应用里查森数判别中尺度波动的不稳定. 大气科学,1986,**10**(2):171-182.

[14] Miller R C. Notes on analysis and weather forecasting procedures of the Air Force Global Weather Central. Air Weather Service, Technical Report 200. 1976.

[15] John R H , Doswell C A. Severe local storms forecasting. *Wea. Forecasting*, 1992, **7**:588-612.

[16] 杨越奎,刘玉玲,万振栓等. "91.7"梅雨锋暴雨的螺旋度分析. 气象学报,1994,**52**(3):379-384.

[17] 李耀辉,寿绍文. 旋转风螺旋度及其在暴雨演变过程中的作用. 南京气象学院学报,1999,**22**(1):95-102.

[18] 胡富泉. 一种强对流天气短期预报方法的研究和试报. 高原气象,1996,**15** (3) :356-362.

[19] 周后福,邱明燕,张爱民等. 基于稳定度和能量指标作强对流天气的短时预报指标分析. 高原气象,2006, **25** (4):716-722.

[20] 许小永,郑国光,刘黎平. 多普勒雷达资料 4DVAR 同化反演的模拟研究. 气象学报,2004,**62**(4):410-421.

[21] 傅昺珊. 风云 2 号卫星云图在短时强对流天气预报中的应用. 气象科技,2004,**32**(5):363-368.

[22] 陈子通，闫敬华，黄晓梅等. 应用于强对流天气预报的模式探空产品. 热带气象学报，2006，**22**(4)：321-325.

[23] Johns R H，Doswell C A，Ⅲ. Severe local storms forecasting. *Wea. Forecasting*. 1992，7：588-612.

[24] 叶笃正. 近年来我国大气科学的研究进展. 大气科学，1979，**3**(3)：195-202.

[25] 陶诗言，丁一汇，周晓平. 暴雨和强对流天气的研究. 大气科学，1979，**3**(3)：227-237.

[26] 曾庆存. 我国大气动力学和数值预报研究工作的进展. 大气科学，1979，**3**(3)：256-269.

[27] 雷雨顺，吴宝俊，吴正华. 冰雹概论. 北京：科学出版社，1978：174.

[28] 雷雨顺，吴宝俊，吴正华. 用不稳定能量理论分析和预报夏季强风暴的一种方法. 大气科学，1979，**3**(3)：297-306.

[29] Maglaras G J，LaPenta K D. Development of a forecast equation to predict the severety of thunderstorm events in New York states. *National Wea. Digest*. 1997，6：3-9.

[30] 黎清才，高守亭. 强对流发生机制的一种研究. 应用气象学报，1991，**12**：385-391.

[31] Colquhoun J R，Riley P A. Relationships between tornado intensity and various wind and thermodynamic variables. *Wea. Forecasting*. 1996，**11**：360-371.

[32] 刘玉玲. 对流参数在强对流天气潜势预测中的作用. 气象科技，2003，**31**(3)：147-151.

[33] 何宏让，魏绍远，曾文华. 江淮地区副高后部强对流的分析和数值模拟研究. 气象科学，1999，**19**(2)：142-149.

[34] 石步鸠，林兵，林峰. 用数值预报产品稳定度指数以及等熵面坐标变换方法诊断强对流天气. 气象科技，2002，**30**(1)：53-56.

[35] Stensrud D J，Cortinas J V，Jr，Brooks H E. Discriminating between tornadic and nontornadic thunderstorms using mesoscale model output. *Wea. Forecasting*，1997，12：613-632.

[36] Hart R E，Forbes R S，Grumm R H. The use of hourly model-generated sounding to forecast mesoscale phenomena. Part I：Initial assessment in forecasting warm-season phenomena. *Wea. Forecasting*. 1998，**13**：1165-1185.

[37] 廖玉芳，潘志祥，郭庆. 基于单多普勒天气雷达产品的强对流天气预报预警方法. 气象科学，2006，**26**(5)：564-571.

[38] Colquhoun J R. A decision tree method of forecasting thunderstorms，Severe thunderstorms and tornadoes. *Wea. Forecasting*. 1987，**2**：337-345.

[39] Mills G A，Colquhoun J R. Objective prediction of severe thunderstorms environments：Preliminary results linking a decision tree with an operation regional NWP model. *Wea. Forecasting*. 1998，**13**：1078-1092.

[40] Colquhoun J R，Mills G A. Thunderstorm and severe thunderstorm prediction using a decision tree and mesoscale NWP model，Preprints. 19th *conf. on Severe Local Storms*. 1999：607-610.

[41] Derautels G，Verret R. Canadian Meteorological Centre summer severe weather package. Prepritings. *18th conf. on Severe Local Storms*. 1996：689-692.

[42] Huntrieser H，Schiesser H H，Schmid W，and *et al*. A new thunderstorm index for Switzerland，Preprints. 18th *Conf. on Severe Local Storms*. 1996：255-259.

第 2 章 强对流天气的物理量指标及诊断评估

强对流天气的物理量分析指标很多[1~3]，主要用于判别是否出现强对流天气，对强对流天气发生发展过程进行诊断，是强对流天气监测分析中非常重要的参量，也是强对流天气机理研究中特别关注的参量，还是强对流天气预警预报中极其关键的参量。而对强对流天气预警预报效果做出评估，是考察预报方法好坏的重要过程，也是对历史资料进行检验的主要方法；只有评估结果较好的指标或方法才可以应用到实际强对流天气预报业务中。

2.1 物理量指标和评估方法简介

由于强对流天气的成因非常复杂，一方面物理量指标参数非常之多，很难用一个指标或参数就可以比较全面地反映强对流天气的各种特性，往往是某个物理量可以刻画强对流天气的某种特性，而且它具有地域的局限性，因此，绝大多数时候分析和比较各种物理量参数在强对流天气发生发展过程中变化特点，从各种指标参数里寻找和摸索适应于特定地区的若干个物理量指标。

另一方面，有的物理量指标不可避免地存在着一定的缺陷[4]，因此，需要对众多的物理量参数进行挑选，选择适合于本地的对流参数。根据大量的计算和试验，针对安徽地区而言，选择了以下 3 类强对流天气的物理量指标：①能量指标，主要包括能量平衡高度、位势不稳定能量、对流有效位能；②对流不稳定指标，主要包括 A 指数、K 指数、位势不稳定指标、沙氏指数和不稳定指标；③综合指标，是指该指标中既包括能量因素，也包括不稳定要素，此处主要包括大风指数 WI、螺旋度 SRH。

对于检验和评估方法而言，长期以来大概率事件的检验和评估方法较多，其评估方法较容易被理解，而小概率事件由于其出现几率小的现象而使得它的检验和评估技术存在较大的局限性，所以小概率事件的检验和评估方法的发展和创新需要不断积累和完善。有的文献把概率低于 9%的事件称为小概率事件[5]，强对流天气是一种局地性、突发性、出现机会少的灾害性天气，它是一种小概率事件，要提高其预报准确率，必须对其进行消空[6]。消空现象是天气预报领域中经常出现的一种概念，它对小概率事件尤其重要。

在航空航天领域，葛志浩等提出一种复杂系统风险概率的评估方法[7]。针对诸如强对流天气的小概率事件的检验方法，评估强对流天气预报准确率或预报方法技术优劣时，需要有一种客观标准，目前普遍采用临界成功指数 CSI、探测概率 POD 和虚假报警率 FAR 来进行评估[6,8,9]。考虑到目前我国天气预报质量检验、评估的有关规定，本文沿用文献[10～12]提及的方法来定义临界成功指数 CSI、探测概率 POD 与虚假报警率 FAR。引入的 CSI、POD、

FAR 是衡量预报质量、预报指标或预报方法优劣很有用的参数。表 2.1 为定义 *CSI*、*POD*、*FAR* 时所用到的 x 值、y 值和 z 值等，其具体含义参见表 2.1 和公式(2.1～2.3)。

表 2.1　定义 *CSI*、*POD*、*FAR* 时用表

预报	观测		合计
	有	无	
有	x	z	$x+z$
无	y	w	$y+w$
合计	$x+y$	$z+w$	N

定义的 *CSI*、*POD*、*FAR* 如公式(2.1～2.3)所示：

$$CSI = \frac{x}{x+y+z} \tag{2.1}$$

$$POD = \frac{x}{x+y} \tag{2.2}$$

$$FAR = \frac{z}{x+z} \tag{2.3}$$

为了提高小概率事件的预报水平，相应地需要增加预报准确率，就是使式(2.1)中的 *CSI* 数值加大，即 x 值增加，同时 y 值减小、z 值减小；使式(2.2)中 *POD* 数值增加，同样也需要 x 值增加，同时 y 值减小；使式(2.3)中 *FAR* 数值降低，由于 x 值要增加，那么只有 z 值要减小。所以提高预报水平的最终目的，就是寻找使 *CSI* 变大、*POD* 变大和 *FAR* 变小的条件。一般而言，要使虚假报警率 *FAR* 降低，同时要保证 *CSI* 增加，则必须要求 z/x 变小；要使探测概率 *POD* 增加，在保证 *CSI* 增加的同时，必须要求 y/x 变小。然而更为重要的是，必须要找出使得 *CSI* 变大的各种条件。

2.2　强对流天气的能量指标

所讨论的能量指标包括能量平衡高度、位势不稳定能量、对流有效位能 *CAPE*。

(1)能量平衡高度、位势不稳定能量

能量平衡高度、位势不稳定能量均以总温度、饱和总温度为基础。

总温度 T_t 可以反映总能量的大小，其计算公式为：

$$T_t = T + 2.5q + 10Z \tag{2.4}$$

式中，T_t 为总温度，T 为实际温度，单位皆为 K 或℃；q 为比湿，单位为 g/kg；Z 为位势高度，单位为千位势米(kgpm)。

饱和总温度 T_s 指空气达到饱和时的总温度，其表达式为：

$$T_s = T + 2.5q_s + 10Z \tag{2.5}$$

式中，T_s 为饱和总温度，q_s 为饱和比湿，其他说明同上。

用探空记录可算出 q、q_s，因而可绘制出 T_t、T_s 的垂直廓线图。行星边界层在北京地区取为

900 hPa，考虑到资料当中有 925 hPa 的数据，而且距离 900 hPa 较近，因此本文取安徽行星边界层为 925 hPa。根据气块法理论，令气块从行星边界层上升，则气块的过程曲线就是由行星边界层总温度 T_{t925} 决定的铅直线，如图 2.1 中垂直虚线所示。过程曲线和 T_t 廓线的最高交点称为上升气流的能量平衡高度 P_e（图 2.1）。一般说来，能量平衡高度 P_e 愈高，对流强度愈大。

过程曲线和 T_s 廓线的首次交点即图 2.1 中的 Q 点，是该上升气块的自由对流高度。自由对流高度出现正超能，即 $T_{t925}-T_s(p)>0$，表示此气块比环境要暖，气块能够继续上升，意味着大气是潜在不稳定的。正超能面积（图中竖细线区所示）的大小，表示潜在不稳定能量的大小。过程曲线和 T_t 廓线的正超能面积大小（图中横细线区所示），视为对流不稳定能量的大小。潜在不稳定能量、对流不稳定能量之和，称为位势不稳定能量[12]。

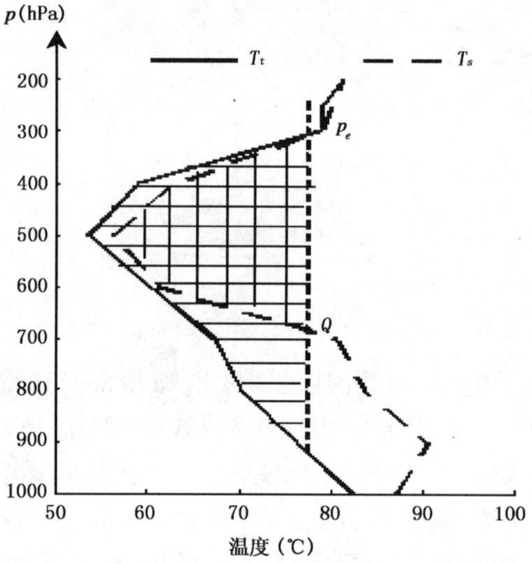

图 2.1　过程曲线、T_t 廓线和 T_s 廓线示意图

（2）对流有效位能 $CAPE$

对流有效位能 $CAPE$ 的定义为[4]：

$$CAPE = g\int_{Z_{LFC}}^{Z_{EL}} \left(\frac{T_{vp}-T_{ve}}{T_{ve}}\right)\mathrm{d}z \tag{2.6}$$

式中 T_{ve} 为环境虚温，T_{vp} 为气块虚温，Z_{LFC} 为自由对流高度，是（$T_{vp}-T_{ve}$）由负值转正值的高度，Z_{EL} 为平衡高度，是（$T_{vp}-T_{ve}$）由正值转负值的高度。从几何意义上说，对流有效位能 $CAPE$ 正比于热力学图解上的正面积。

2.3　强对流天气的对流不稳定指标

（1）A 指数

表达式为[13,14]：

$$A=(T_{850}-T_{500})-[(T-T_d)_{850}+(T-T_d)_{700}+(T-T_d)_{500}] \tag{2.7}$$

(2)K 指数

表达式为：

$$K = (T_{850} - T_{500}) + T_{d850} - (T - T_d)_{700} \tag{2.8}$$

(2.7)、(2.8)式中 $(T_{850} - T_{500})$ 为温度递减率，T_{d850} 为低层水汽条件，$(T-T_d)_{700}$ 为中层饱和程度。K 指数反映出大气的层结稳定情况，但它不能明显表示出整层大气层结不稳定程度。A 指数不仅包括各层之间的温度递减率，而且包括低层、中低层和中层的温湿度条件。A 指数和 K 指数愈大，大气愈不稳定，也愈潮湿。

A 指数对于暴雨预报有指示意义，这里把 A 指数拓展到强对流天气的预报上；K 指数是一种强对流天气常用的指标，K 指数对于强对流天气有指示意义，因此把它应用到安徽地区。

(3)位势不稳定指标 I

表达式为[15]：

$$I = \frac{H_{300} - H_{1000}}{H_{300} + H_{1000} - 2H_{700}} + 10^{-2} T_{d700} \tag{2.9}$$

式中，H_{300}、H_{700}、H_{1000} 分别代表 300 hPa、700 hPa 和 1000 hPa 的位势高度，T_{d700} 为 700 hPa 的露点温度。I 指数反映了低层、中层和高层的高度变化以及中层温度条件，因此选用位势不稳定指标作为诊断强对流天气的指标之一。

(4)沙氏指数 SI

表达式为：

$$SI = T_{500} - T_S \tag{2.10}$$

式中，T_S 为气块由 850 hPa 开始干绝热上升到抬升凝结高度，然后再按照湿绝热递减率上升到 500 hPa 时的温度。沙氏指数是日常业务应用较多的一种重要参数，因此这里也给引进来，作为强对流天气的指标之一。

(5)不稳定指标 $\Delta\theta_{se}$

定义为[16]：

$$\Delta\theta_{se} = \theta_{se0} - \min(\theta_{se}) \tag{2.11}$$

式中，θ_{se0} 表示地面的 θ_{se}，$\min(\theta_{se})$ 则表示空中 θ_{se} 最小值，$\Delta\theta_{se}$ 单位为 K。它表示了大气的对流不稳定度状况，随高度的增加，θ_{se} 值减少越多，表示大气潜在的不稳定度越大，就越有利于强对流的发展；另外，许多研究工作中都强调了空中 θ_{se} 最小值对于产生地面大风的重要性，空中 θ_{se} 越小，越有利于下沉气流的加强，也就越有利于地面大风的形成。基于以上理由，把不稳定指标 $\Delta\theta_{se}$ 引进来，也作为衡量强对流天气的重要指标。

2.4　强对流天气的综合指标

综合指标包含大风指数 WI、螺旋度 SRH。大风指数 WI 往往与实际出现的强对流天气——大风关系非常密切，因此，它是一种衡量强对流天气的重要指标；螺旋度 SRH 大小反映了旋转与沿旋转方向运动的强弱程度，也是一种表征强对流天气上升运动的指标之一。

一般认为，空中强的环境风向下的水平动量输送，以及空中干冷空气卷入与下沉气流强度关系密切。雷暴大风的产生在很大程度上与冰冻状降水粒子下沉通过融化层有关，融化过程吸收大量的潜热使气块变冷,产生负浮力使下沉运动加速。随后发生的蒸发冷却过程又进一步加速了下沉运动[16]。因此所考虑的气层厚度应从地面至融化层高度。用于估算潜在的雷暴大风强度的经验参数,称为雷暴大风指数或大风指数(简称 WI),其计算公式为:

$$WI = 2.5 \cdot [H_M R_Q(\Gamma^2 - 30 + Q_L - 2Q_M)]^{\frac{1}{2}} \tag{2.12}$$

其中 H_M 为融化层高度(以 km 为单位);$R_Q = \dfrac{Q_L}{12}$ 为一个经验订正系数,规定不得大于 1;Γ 为地面至融化层高度的温度递减率(以℃/km 为单位);Q_L 为地面至 1 km 气层内的平均混合比(以 g/kg 为单位);Q_M 为 H_M 高度上的混合比;WI 的单位为 m/s。当方括号内的数值小于 0 时,其平方根没有意义,此时令 $WI=0$。WI 则表示了潜在的雷暴大风强度。

旋转性和上升运动都较强,是很多强对流系统最重要的共同特征,而螺旋度把这两个特征综合在一起。为了定量估计沿风暴入流方向上的水平涡度大小及入流强弱对风暴旋转性的贡献[16],引入风暴相对螺旋度(Storm Relative Helicity,简称 SRH)的概念,它是一个用于衡量环境风场具有多少沿气流方向的水平涡度及其贡献的参数。考虑到风暴入流主要来自于对流层几千米范围内,定义风暴相对螺旋度 SRH 为:

$$SRH = \int_0^h (\vec{V}_H - \vec{C}) \cdot \vec{\omega}_H \mathrm{d}z \tag{2.13}$$

其中 $\vec{C} = (C_x, C_y)$ 为风暴移动方向,h 为气层厚度,通常取 h 等于 3 km。由于 $\vec{\omega}_H$ 主要由风的垂直切变引起的,因此在研究强风暴的意义上,SRH 也可以简单地理解为低层大气中(高度 0～h)风暴相对速度与风随高度顺时针旋转的乘积,其大小反映了旋转与沿旋转方向运动的强弱程度,这就是螺旋度名称的由来。

计算方法:由(2.13)式可以得到:

$$SRH = -\int_0^h \boldsymbol{k} \cdot (\vec{V}_H - \vec{C}) \times \frac{\partial \vec{V}_H}{\partial z} \mathrm{d}z \tag{2.14}$$

风向顺时针旋转时面积元为正,逆时针旋转时面积元为负,所以 SRH 在数值上等于风矢端迹图上高度 0～h 气层风暴相对风矢量所包围面积的两倍。一般认为,在 0～3 km 内气层中相对于风暴的风速达到 10 m/s 以上并且风向顺时针旋转角度大于 90°是强风暴发展的有利条件。(u_0, v_0),(u_1, v_1),…,(u_n, v_n)依次为地面到 h 高度上的风,其中(u_0, v_0)为地面风,(u_n, v_n)为 h 高度上的风。以风暴移动矢量端点(C_x, C_y)为顶点,以风矢端迹曲线相邻两个资料点的连线为底边的三角形,则利用单站高空探测资料计算 SRH 的公式为:

$$SRH = \sum_{i=0}^{n-1} [(u_{i+1} - c_x)(v_i - c_y) - (u_i - c_x)(v_{i+1} - c_y)] \tag{2.15}$$

2.5 强对流天气的诊断分析

利用 1995—2001 年逐年 3—8 月份的历史探空资料,计算强对流天气过程逐日的 K 指数、A 指数。安徽省境内探空站点仅有 2 个,一个在淮北西部,一个在沿江(长江)西部,它们不能完全代表全省情况,因此,需要适当考察安徽省周围部分探空站的资料。具体选取的标准是:以安徽探空站为主,以省周围探空站为辅。必要时淮北东部用徐州探空站代表,江淮之间东部用南京探空站代表,江南地区用衢州、杭州探空站代表。

2.5.1　A 指数、K 指数统计诊断

对 65 个强对流天气过程(日)、151 d 统计时发现，73.8%的对流日发生前，A 指数≥10℃，K 指数≥35℃，或者两个指标同时满足(表 2.1)；而且发现，当 A 指数≥20℃，或 K 指数≥40℃时，近 50%的机会出现≥4 个台站强对流天气现象，33%的机会出现≥5 个台站强对流天气现象，说明 A≥20℃、K≥40℃时较易出现强对流天气。因此 A 指数、K 指数的数值大小对于强对流天气的预报具有一定效果。

表 2.1　各种统计指标的拟合比例

指标	拟合比例(%)
A≥10℃或 K≥35℃	73.8
I≥2.79(阜阳)	55.3
I≥2.79(安庆)	70.9
P_e≤350 hPa	64.0

2.5.2　I 指标统计诊断

根据历史资料的统计结果，I 值与雷雨的关系为：I≥2.79 时可以预报有雷雨；I≤2.78 时，则预报无雷雨。该指标的预报方法经若干次试验，准确率为 84%。安徽处于华东地区，山区、丘陵、平原三类地势共存，该指标能否本地化，本项目对此进行了试验。利用强对流天气过程(日)逐日强对流天气 08 时探空资料计算 I 值进行回代，发现当 I≥2.79 时，由阜阳站预报强对流天气的日数占所有日数的比例为 55.3%，由南京站预报强对流天气的日数占所有日数的比例为 66.3%，由安庆站预报强对流天气的日数所占比例为 70.9%，由衢州站预报强对流天气的日数所占比例为 66.7%。试验结果说明，在历史强对流天气过程中，当 I≥2.79 时，阜阳的预报效果稍差，南京、衢州的预报有 67%正确，安庆的预报效果超过 70%。上述数据表明，位势不稳定指标应用于安徽南方地区比北方的预报效果要好。

由于位势不稳定指标 I 是个经验公式，这种经验公式在各地应用时要注意其临界值，南北地区的临界值应该有所差异。以各站预报强对流天气的日数占所有日数的比例超过 70%为标准，那么徐州站的 I 临界值为 2.72，阜阳站的 I 临界值为 2.76，南京站的 I 临界值为 2.78，安庆站的 I 临界值为 2.79。因此可以认为，安徽北部地区 I 的临界值要小，南部地区 I 的临界值要大。导致南北临界值差异的原因，分析起来可能来自于两个方面：纬度因素和地形因素。南部地区纬度较低，热力因素引起对流较为旺盛；而南京和安庆都是处在长江沿江地区，受到长江一定的影响，由于局部热力环流的因素而致观测站点的对流更为强烈，300 hPa 的位势高度偏高，所以由公式(2.9)知，I 的计算值偏大。

2.5.3　不稳定指标的对比

为了进行安徽南北不稳定预报指标的对比，大致以合肥为界，合肥以北地区出现 2 站的强对流天气时，认为安徽北部具有强对流天气，用阜阳探空站代表北部地区；合肥以南地区出现 2 站的强对流天气时，认为安徽南部具有强对流天气，用安庆探空站代表南部地区。在强对流

天气期间，当 A 指数≥10℃，K 指数≥35℃，或者两个指标同时满足时，北部历史拟合率为63.6%，南部历史拟合率为66.7%，南北部预报指标拟合率相差不大，南部拟合率略高。对于位势不稳定指标 I 而言，在强对流天气期间，当 I≥2.76 时，北部历史拟合率为78.3%，南部历史拟合率为76.8%，同样也是南北预报指标相差不大，而北部拟合率略高。

2.5.4 能量指标统计诊断

从每年的日能量平衡高度的变化可知，强对流天气过程与能量平衡高度具有非常好的对应关系。由于1998年的强对流天气过程较多，因此，以1998年安庆站逐次强对流天气过程能量平衡高度的平均值(表2.2)和日能量平衡高度变化曲线(图2.2)为例。表2.2表明，1998年7个强对流天气过程中有71.4%的比例(即5/7概率)平均值的能量平衡高度高于350 hPa。统计1998—2001年强对流天气过程，能量平衡高度的平均值高于350 hPa的比例，其结果为64%，说明强对流天气期间的能量平衡高度变化中，平均值超过60%的高度高于350 hPa。

表2.2 1998年安庆7个强对流天气过程(日)的平均能量平衡高度

项目	1	2	3	4	5	6	7
日期(月.日)	3.31	4.5	4.21—24	5.1	6.30—7.4	7.28—8.2	8.22
P_e (hPa)	303.0	349.3	504.0	340.0	427.7	296.3	227.4

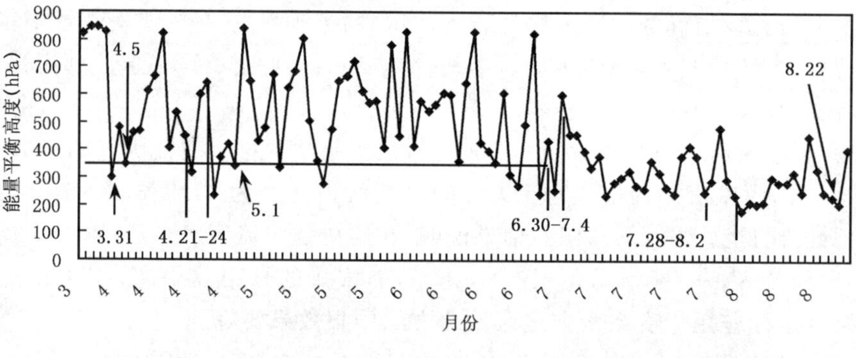

图2.2 安庆1998年3—8月逐日能量平衡高度的变化曲线

图2.2标示出了3月31日、4月21—24日、5月1日、6月30日—7月4日、7月28日—8月2日和8月22日等7个具有08时能量平衡高度的强对流天气过程(日)。从曲线中看出，可以把能量平衡高度分成两个阶段：第一阶段3—6月份的能量平衡高度变化较大，变化幅度大约在300～850 hPa；第二阶段7—8月份能量平衡高度变化明显减缓，变化范围大约在250～500 hPa。其他年份日能量平衡高度变化也可以分成两个阶段。

由图2.2可以发现，在第一阶段中能量平衡高度高于350 hPa的有54次对应有强对流天气，而且往往对应极低值(实际高度极高值)，有34次没有对应强对流天气。图中给出能量平衡高度为350 hPa的等值线。其他年份是否有类似结论，为此统计1998—2001年能量平衡高度高于350 hPa的情况，结果发现，3—6月份能量平衡高度高于350 hPa时，58.1%的比例出现了强对流天气，因此，说明在第一阶段能量平衡高度高于350 hPa且处于极值是强对流天气预报的重要指标。在第二阶段变化中，能量平衡高度普遍较低，变化不大，在做强对流天气预报时要参考其他预报指标。

经不稳定指标和能量指标的分析可以得到以下结果：

①A、K 并用指数：$A \geqslant 10$℃或 $K \geqslant 35$℃，历史拟合率 74%；

②位势不稳定指标 I：当 $I \geqslant 2.79$ 时，由阜阳站预报强对流天气的日数占所有日数的比例为 55.3%，由南京站预报强对流天气的日数占所有日数的比例为 66.3%，由安庆站预报强对流天气的日数所占比例为 70.9%，由衢州站预报强对流天气的日数所占比例为 66.7%；

③3－6 月份能量平衡高度高于 350 hPa 时，58.1%的比例出现了强对流天气，因此，说明在第一阶段能量平衡高度高于 350 hPa 且处于极值是强对流天气预报的重要指标。在第二阶段变化中，能量平衡高度普遍较低，变化不大，在做强对流天气预报时要参考其他预报指标。WI 和 $\Delta\theta_{se}$：安庆站当 WI 大于 17 m/s 时，$\Delta\theta_{se}$ 大于 20 K 的逐年比例介于 88.9%～98.8%之间，累年平均比例为 94.8%，比例非常大；在雷暴大风期间，当最接近发生雷暴大风时间的 WI 超过 17 m/s，或 $\Delta\theta_{se}$ 大于 20 K 时，准确率为 83.7%；

④能量平衡高度 P_e：能量平衡高度 $P_e \leqslant 350$ hPa，历史拟合率为 64%。

2.5.5　综合指标分析

综合指标包括大风指数 WI、螺旋度 SRH。

2.5.5.1　大风指数 WI

WI 在数值上往往与实际大风接近[16]，但是就安徽地区的雷暴大风而言，多发生在 3－8 月，在数值上与实际大风情况可以进行试验。经过计算发现，3－5 月中旬发生雷暴大风时，所对应的 WI 较小，远低于实际风速，即 3－5 月中旬不适宜用 WI 指标做雷暴大风的分析研究。从公式(2.9)来看，WI 的数值与融化层高度、温度递减率、1 km 气层内的平均混合比、融化层高度的混合比等 4 个因素有关。从实际计算的资料来判断，尽管融化层高度在 5 月下旬之后明显增高，但是因为这个期间具有较高的融化层高度时，WI 却为 0，并不是较大的融化层高度对应于较大的 WI。融化层高度的混合比在 3－8 月期间变化没有明显的阶段性，雷暴大风发生时也不是一定与较低的融化层高度的混合比相对应。因此，融化层高度及其混合比等 2 个因素不是造成 3－5 月中旬 WI 较低的主要因素。

有的文献指出，温度递减率为 5.5℃/km 为临界递减率，即温度递减率大于 5.5℃/km 时发生强对流天气[16]。在统计时看到，$WI > 17$ m/s 时，温度递减率基本上大于5.1℃/km，所以温度递减率的大小是决定 WI 数值的一个因素。由于在雷暴大风发生时，1 km 气层内平均混合比变化较大，3－4 月上旬平均混合比不足 10 g/kg；4 月中旬至 5 月中旬平均混合比为 5～15 g/kg；5 月下旬至 8 月平均混合比为 10～20g/kg。而从实际计算的资料来看，造成 3－5 月中旬 WI 偏低的原因，主要是 1 km 气层内平均混合比偏低。

由于 3－5 月中旬的 WI 偏低，因此选取 5 月下旬至 8 月作为研究的时间范围。$\Delta\theta_{se}$ 也是一种能够反映大气对流不稳定状况的指标，所以和 WI 一起分析。以安庆 1995－2003 年的探空资料为例，计算逐日 08、20 时雷暴大风的 WI 和 $\Delta\theta_{se}$，发现绝大多数情况下，当 WI 较大时，$\Delta\theta_{se}$ 较大；WI 较小时，$\Delta\theta_{se}$ 较小，这说明两者之间有较好的对应关系。为此给出两者之间的相关系数，见表 2.3。其中安庆 2001 年 WI 和 $\Delta\theta_{se}$ 的变化曲线见图 2.3。查阅 t 分布表，可以算出相关系数的临界值分别为：显著性水平 $\alpha = 0.01$ 时，$r_c = 0.179$；显著性水平 $\alpha = 0.001$ 时，$r_c = 0.228$。可见，安庆 1995－2003 年每年逐日 WI 和 $\Delta\theta_{se}$ 之间的相关系数远远大于显著性水平 $\alpha =$

0.01、$\alpha=0.001$ 时的临界值，通过了显著性检验。阜阳探空站点的资料也有类似结果。

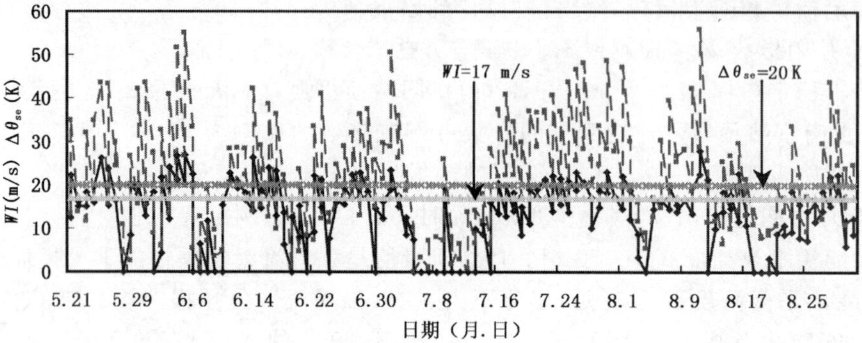

图 2.3 1997 年 5 月下旬至 8 月逐日两次的 WI（实线）和 $\Delta\theta_{se}$（虚线）变化曲线

进一步研究发现，当 WI 大于 17 m/s 时，$\Delta\theta_{se}$ 多大于 20 K。为此给出 1995—2003 年安庆站当 WI 大于 17 m/s 时，$\Delta\theta_{se}$ 大于 20 K 的逐年比例，见表 2.3。表 2.3 显示，逐年的比例为 88.9%～98.8%，累年平均比例为 94.8%，比例非常大，可见这种对应关系很好，两种参量之间变化具有一致性。阜阳、徐州、南京等探空站点也有类似关系，因此在图 2.3 中标示出了 WI 为 17 m/s 的直线和 $\Delta\theta_{se}$ 为 20 K 的直线。

表 2.3 逐年 5 月下旬至 8 月安庆 $\Delta\theta_{se}$ 和 WI 相关系数及其大于 20 K 的比例

年份	1995	1996	1997	1998	1999	2000	2001	2002	2003	平均
相关系数	0.866	0.886	0.843	0.886	0.877	0.866	0.887	0.902	0.903	0.880
比例(%)	96.4	95.3	95.9	95.8	88.9	98.8	96.4	92.3	91.8	94.8

1995—2003 年雷暴大风日数共有 153 个，当最接近发生雷暴大风时间的 08 时或 20 时安庆探空资料计算的 WI 超过 17 m/s，或 $\Delta\theta_{se}$ 大于 20 K 时，认为要发生雷暴大风，结果正确，否则认为错误，安庆站的统计结果为：正确的有 128 个，准确率为 83.7%。因此可以用雷暴大风指数或 $\Delta\theta_{se}$ 作为雷暴大风的非常好的特征量。$\Delta\theta_{se}$ 的数值不能反映大风的强度，然而在分析 WI 数值时发现，WI 数值与实际大风的强度较为接近。1995—2003 年雷暴大风期间 WI 数值及其大风风速的对应关系：设雷暴大风的各站平均风速为 $\bar{V}$，显然 $\bar{V}$ 大于 17 m/s；如果最近的探空站点计算的 WI 数值也大于 17 m/s，认为两者符合，否则认为不符合，则符合的数据占统计比例为 79.9%；如果 WI 数值在 $\bar{V}$ 附近 3 m/s，认为两者符合，否则认为不符合，则符合的数据占统计比例为 76.7%。如 2001 年 7 月 11 日合肥以南地区出现雷暴大风，安庆站的大风风速为 25.4 m/s(15:23)，计算的当日 20 时 WI 为 28.1 m/s。或者说，$\Delta\theta_{se}$ 可以作为雷暴大风的定性指标，以 WI 作为大风的定量指标，即用 WI 的数值作为大风的大小。

2.5.5.2 *螺旋度 SRH*

在实际计算螺旋度的过程中，涉及风暴速度 $\vec{C}$ 的确定。常用的计算方法有两种，一种是以 850 hPa 至 400 hPa 气层中的平均风为基准，风向偏右 40°、风速的 75% 作为风暴速度[16]。一种是基于地面至 500 hPa 气层中的平均风，当风速小于 15 m/s 时，以风向偏右 30°、风速的 75%作为风暴速度；当风速超过 15 m/s 时，以风向偏右 20°、风速的 85%作为风暴速度[9]。本节结合以上两种做法，即以 850 hPa 至 400 hPa 气层中的平均风为基准，当风速小于 15 m/s 时，以风向偏右 30°、风速的 75%作为风暴速度；当风速超过 15 m/s 时，以风向偏右 20°、风速的 85%作为风暴速度。之所以不取地面附近的风作为风暴速度，是因为地面风速往往较小，风暴轴较多地存在于中空。

从 1995—2003 年地面观测资料中可以得出全省共有 46 个冰雹日，统计时找出最接近的探空站点和探空时间。从逐日 *SRH* 的计算结果可知，*SRH* 可正可负，变化较大，一般多处在 ±50 m^2/s^2 之间。出现冰雹时，*SRH* 较大，所以给出冰雹日 *SRH* 值超过 100 m^2/s^2 和 75 m^2/s^2 所对应的次数及其比例，见表 2.4。由表可见，其所占统计次数的比例大约在 40%～50%左右，比例不高。仔细分析每次出现冰雹的前后日期和各个时次 *SRH* 数值却具有一定的变化特点，即冰雹发生前后连续出现 *SRH* 较大值的过程，因此，针对 *SRH* 连续大值过程（大于 50 m^2/s^2）进行统计，结果仍然见表 2.4。从表中可以看出，对于降雹前后的 *SRH* 连续大于 50 m^2/s^2 过程所得到的次数和比例有所增加，*SRH* 值超过 100 m^2/s^2 和 75 m^2/s^2 所对应的次数分别为 18 和 25 次，所占比例分别为 41.9%、58.1%，效果要好于个别时次的统计结果，就是说，连续出现 *SRH* 较大值时发生冰雹的概率加大，此时要警惕冰雹灾害。

表 2.4　1995—2003 年安徽冰雹所对应 *SRH* 的次数及其所占比例

SRH 量级（m^2/s^2）	最接近发生时间的探空计算值		大于 50 m^2/s^2 过程的平均值	
	次数	比例（%）	次数	比例（%）
≥100	17	41.6	18	41.9
≥75	21	51.2	25	58.1
统计次数	41		43	

2.6　强对流天气的效果检验评估

不稳定指标的检验。针对小概率事件的检验参数可以采用临界成功指数 *CSI*、探测概率 *POD* 和虚假报警率 *FAR* 来进行。经过试验，取能量平衡高度高于 350 hPa 为界，所做出的安庆不稳定指标的检验结果分别为：当 *A* 指数≥10℃，*K* 指数≥35℃，或者两个指标同时满足时，*CSI*＝32.4%，*POD*＝78.6%，*FAR*＝64.5%；当安庆站的 *I* 临界值为 2.79 时，*CSI*＝32.5%，*POD*＝86.7%，*FAR*＝65.8%[17]。可见，两种情况下 *CSI* 都略高于 30%，*POD* 在 80%左右，*FAR* 在 65%左右。*POD* 较高，说明方法具有较好的探测效果；*CSI* 稍低和 *FAR* 较高的原因都在于预报有强对流天气而实际并没有出现强对流天气，因此在具体制作预报时，必须考虑天气形势背景状况，减少空报现象，以此达到降低 *FAR*、增加 *CSI* 的目的。

能量平衡高度指标的检验和对比。在进行能量平衡高度检验时，以安庆站为例来说明，要求能量平衡高度 P_e≤350 hPa，为了减少误报率，同时要求 *A* 指数≥10℃。则得到 *CSI*＝32.2%，*POD*＝52.1%，*FAR*＝54.3%。P_e 和不稳定指标的 *CSI* 相差不大，*POD* 和 *FAR* 都在减少，说明探测概率有所下降，虚假报警率也在下降。而在进行指标对比时，依然把安徽省分成合肥以北地区、合肥以南地区，北部用阜阳站代表，南部用安庆站代表。在强对流天气期间，能量平衡高度高于 350 hPa 时，阜阳站的历史拟合率为 73.9%，安庆站的历史拟合率为

80.9%，表明南部预报指标的拟合率高于北部的拟合率。

位势不稳定能量指标的检验和对比。在进行位势不稳定能量指标检验时，以安庆站为例来说明，要求位势不稳定能量≥400 J/kg，为了减少误报率，同时也要求 A 指数≥10℃。此时得到的 CSI=23.9%，POD=38.0%，FAR=60.9%。可见，与能量平衡高度结果相比，此处的 CSI、POD 和 FAR 都有所降低，FAR 降低意味着虚假报警率在下降，而 CSI、POD 比例如何增加则需要认真对待。在进行指标对比时，依然把安徽省分成合肥以北地区、合肥以南地区，北部用阜阳站代表，南部用安庆站代表。在强对流天气期间，位势不稳定能量大于 400 J/kg时，阜阳站的历史拟合率为 77.1%，安庆站的历史拟合率为 76.5%，表明南部预报指标的拟合率低于北部的拟合率。

从以上分析可以小结如下：

①A、K 并用指数：CSI=32%，POD=78%，FAR=64%；

②位势不稳定指标：CSI=32%，POD=86%，FAR=66%；

③能量平衡高度：CSI=32%，POD=52%，FAR=54%；

④位势不稳定能量：CSI=24%，POD=38%，FAR=61%。

可见，这些参数的 CSI 为介于 24%～32%，POD 介于 38%～78%，FAR 介于 54%～61%。由于 POD 远小于 100%，CSI 有小于 30%的，因此有必要进行指标的消空，提高 CSI 和 POD 的量值。

参考文献

[1] 刘健文，郭虎，李耀东等. 天气分析预报物理量计算基础. 北京：气象出版社，2005.

[2] 李耀东，刘健文，高守亭. 动力和能量参数在强对流天气预报中的应用研究. 气象学报，2004，**62**(4)：401-409.

[3] 李耀东，高守亭，刘健文. 对流能量计算及强对流天气落区预报技术研究. 应用气象学报，2004，**15**(1)：10-20.

[4] 陈晓红，郝莹，周后福等. 一次罕见冰雹天气过程的对流参数分析. 气象科学，2007，**27**(3)：335-341.

[5] 彭治班，吴宝俊，江剑民等. 提高小概率事件预报成功率的一条途径. 气象，2000，**26**(2)：3-5.

[6] 蒋乐贻，黄炎，姚祖庆. 地面形势识别在上海强对流预报中的应用. 气象，2000，**26**(3)：28-32.

[7] 葛志浩，徐浩军，刘琳等. 一种复杂系统风险概率评估方法. 北京航空航天大学学报，2007，**33**(9)：1025-1028.

[8] 孔燕燕，彭治班，赵秀英等. 寻找降雹预报指标集的一种方法：逐步消空法. 气象，2000，**26**(10)：10-15.

[9] 寿绍文，励申申，姚秀萍. 中尺度气象学. 北京：气象出版社，2003：349-358.

[10] 孔燕燕，沈建国. 强雷暴预报. 北京：气象出版社，2001.

[11] 冯建民，徐阳春，李凤霞等. 宁夏川区强对流天气雷达判别及预报指标检验. 高原气象，2001，**20**(4)：447-452.

[12] 朱乾根，林锦瑞，寿绍文等. 天气学原理与方法(第三版). 北京：气象出版社，2000：442-448.

[13] 章淹，林宗鸿，陈渭民等. 暴雨预报. 北京：气象出版社，1990.

[14] 王名才，王蒸民，张学敏等. 大气科学常用公式. 北京：气象出版社，1994：274.

[15] 陆忠汉，陆长荣，王婉馨. 实用气象手册. 上海：上海辞书出版社，1984.

[16] 孔玉寿，章东华. 现代天气预报技术. 北京：气象出版社，2005：114-119.

[17] 周后福，邱明燕，张爱民等. 基于稳定度和能量指标作强对流天气的短时预报指标分析. 高原气象，2006，**25** (4)：716-722.

第 3 章　强对流天气特征分析

3.1　安徽省强对流天气时空分布

3.1.1　冰雹、雷雨大风

从 1984－2003 年共 20 年的安徽省所有灾害性天气过程中提取了产生雷雨大风和冰雹等 249 次强对流天气的过程资料，进行分月、分时统计。时间分布分为强对流天气的月变化和日变化。

强对流天气月变化为：图 3.1 为强对流天气月变化的直方图，图中未标示的月份没有出现强对流天气，由此可见，强对流天气从 3 月份开始出现，10 月份基本结束，3－7 月强对流天气出现的次数呈增长趋势，但其中 6 月份稍有下降，7 月份达到顶峰，而后开始下降，到 9 月份强对流天气出现的概率明显减少。

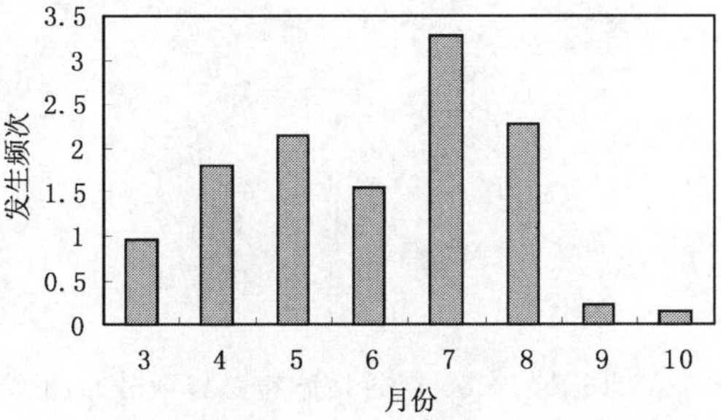

图 3.1　安徽省强对流天气月变化直方图

强对流天气日变化为：1984－2003 年逐年 3－10 月的统计结果表明(图 3.2)，强对流天气的日变化是非常明显的，为单峰型结构，早晨强对流天气开始缓慢增加，而至午后迅速增加，傍晚后迅猛减少，夜间则极少出现强对流天气，由此可知，强对流天气主要出现在午后到傍晚，此时近地面温度高，最容易引起对流发展。

对安徽全省 1971－2000 年的气候整编资料进行统计，从 30 年各站冰雹出现的总次数看(图 3.3)，多雹区主要有四个：①淮北东部，包括淮北市和宿州市的灵璧、泗县等地；②江淮之间东部，包括凤阳、定远、全椒、来安、天长等地；③大别山区南部，包括怀宁、太湖、潜山、岳西、宿松等地；④黄山、九华山区，包括黄山、绩溪、太平、青阳、铜陵等地。其中黄山由于地形作用，1971—2000 年共有 30 d 出现冰雹，为全省之冠。而少雹区主要分布在巢湖地区、大别山北侧和沿淮西部，包括六安市、巢湖市、合肥市和寿县等地。

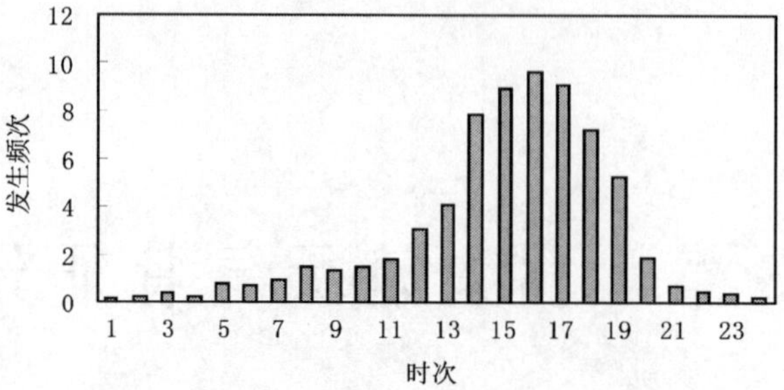

图 3.2　安徽强对流天气日变化直方图

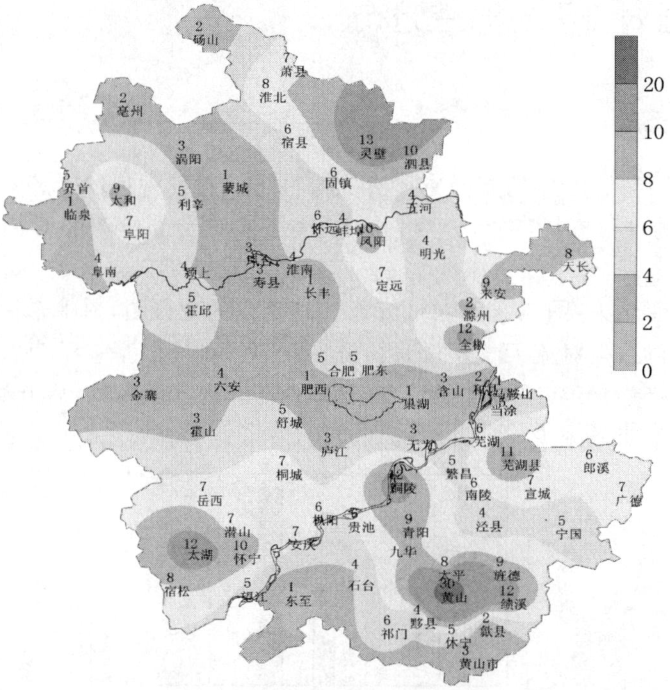

图 3.3　安徽 1971—2000 年各站冰雹总日数分布图(单位:d)

3.1.2　闪电

利用安徽省 2005 年 9 月份开始布设的 LD-Ⅱ型闪电定位站网探测到的 2006、2007、2008 年资料,分析安徽省闪电发生次数的月变化、日变化及其空间分布特征。

(1)闪电月变化

从 2006—2008 年闪电逐月变化(图 3.4)中可看出,闪电的发生次数存在着明显的波动性季节变化,夏半年闪电发生非常频繁,存在着双峰结构,而冬半年闪电则很少出现。2006 年的峰值分别在 4 月和 8 月,2007 年的峰值分别在 4 月和 7 月,2008 年的峰值分别在 5 月和 7 月;第一个峰值出现在 4 月或 5 月,以 4 月居多;第二个峰值出现在 7 月或 8 月,以 7 月居多。2006—2008 年当中,闪电都较多地发生在 6、7、8 月份。综合 3 年的情况可看出:一年中闪电主要集中发生在 7—8 月,此段闪电活动占全年的 72.9%;同时也发现,4 月份也是一个闪电发生频率相对较高的月份。4月份相对多发,和7—8月闪电多发的状况构成了一年中闪电变化的小峰和大峰的双峰结构。通过逐旬的闪电发生情况看(图略),6月下旬到8月下旬是闪电多发的季节,尤其以7月上旬和8月下旬更为明显。

4、5月份,安徽省正处在冬季风向夏季风的过渡时期,在此期间,南北气流相互争雄,进退不定,锋面带南北移行,气旋活动最为频繁,酿成春季天气气候变化无常[1],因此,使得4月份成为闪电次高发区。闪电多发的6—8月为安徽省降水比较集中的时段,而且在江淮区域,每年的6月中旬至7月上旬是典型梅雨期[2]。对于安徽梅雨,主要是发生在江淮之间和江南的连阴雨天气过程,平均入梅日期为6月16日,平均出梅日期为7月10日[3],在此期间梅雨锋南北摆动,带来强降水,经常出现大到暴雨,闪电发生频繁。

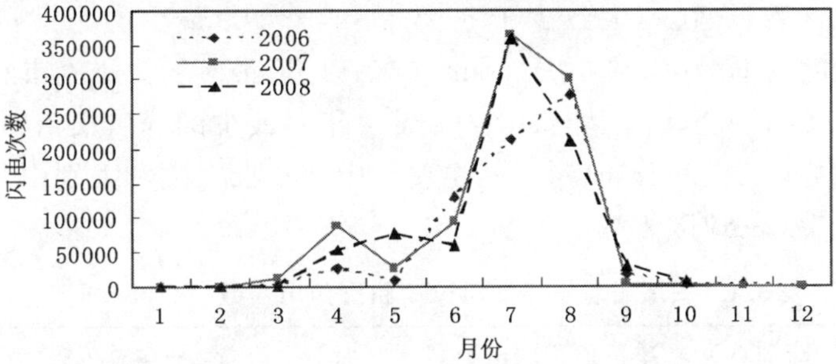

图3.4 安徽省2006—2008年逐月闪电次数变化曲线

(2)闪电日变化

图3.5为2006、2007两年以及两年平均闪电的日变化曲线。从闪电日变化曲线来看,闪电的发生存在着明显的日变化,两年平均闪电变化总体基本呈单峰态势,其峰值出现在15时。由平均闪电次变化来看,00—11时闪电发生的次数变化不大,次数不到70;12时以后闪电发生的次数急剧上升,在15时到达峰值(183),而后发生的次数迅速降低,21时以后闪电活动又恢复到较低的状态。由于波峰的时间分布较宽,表示闪电高值时段持续较长时间,达8~9 h,其出现的时间为下午,由此可知,安徽省近年来的闪电主要集中在午后到傍晚这一时段。对比2006年和2007年逐个时次的闪电次数可知,2007年除13—14时、19—21时对2006年略有降低之外,其他时次都不少于2006年所对应时次的闪电次数,而夜间和14—17时2007年闪电次数明显多于2006年的闪电次数。

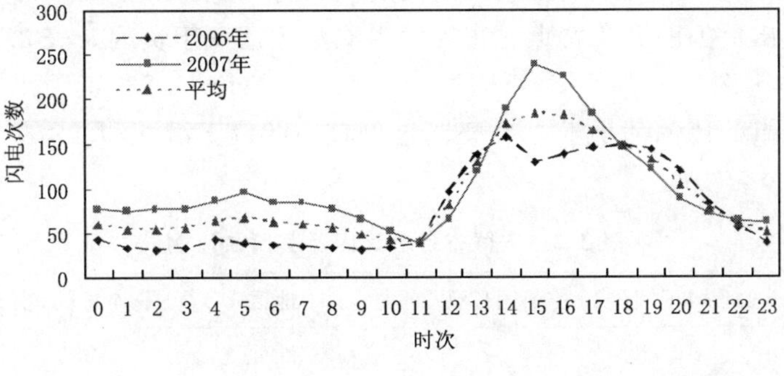

图3.5 闪电日变化曲线

闪电日变化最主要的特征是13—20时为闪电发生的高值区,闪电的次数明显高于其他时段。出现这种情况的主要原因是强对流天气的形成多数需要具备一定的热力条件[4]，而午后至傍晚正是太阳辐射加热导致地面热力条件发展到最旺盛的时段，强对流天气多数在午后得到发展，到傍晚最强，所以闪电在 13－20 时出现的最多[5]，此时段内发生的闪电占全天的 56%。

(3)闪电空间分布特征

闪电查询系统具有查询全省和各市的闪电数据，而没有查询各县闪电数据的功能。为了对安徽全省闪电进行空间分布特征的分析，基于各市的闪电次数，除以各市国土面积，表示单位面积上的闪电发生次数，这样可以大致分析全省闪电次数的分布特点。对安徽省各市单位面积上 2006、2007 年的闪电平均值分析表明(表 3.1)：各市闪电次数介于 2.48～8.89 次/(km^2·年)；淮北地区普遍较少，大致少于 5 次/(km^2·年)，最少的为宿州市，只有 2.48 次/(km^2·年)；江淮之间普遍较多，在 6 次/(km^2·年)以上，最多的为巢湖市和合肥市，达到8.88 和 8.89 次/(km^2·年)；沿江江南少于 6 次/(km^2·年)，最少的为黄山市，仅有 2.79 次/(km^2·年)。由此可见，闪电的空间分布特征为：主要集中在江淮丘陵和大别山区的江淮之间，淮北则是闪电次数发生最少的地区。

表 3.1 安徽省各市平均单位面积上闪电次数(次/km^2·年)

地区	平均总闪(次)	单位面积闪电数	地区	平均总闪(次)	单位面积闪电数
宿州	24208	2.48	淮北	10616	3.90
阜阳	45333	4.56	蚌埠	29466	5.02
亳州	29361	3.50	淮南	13267	6.26
六安	149098	8.16	合肥	64384	8.88
巢湖	82402	8.89	滁州	83177	6.23
马鞍山	9982、	5.93	芜湖	16827	5.08
安庆	91425	5.95	池州	43250	5.17
铜陵	6538	5.87	黄山	27409	2.79
宣城	62309	5.05			

闪电定位仪可以观测到闪电的正闪和负闪属性，正闪和负闪总和为总闪，给出正闪的分布特点也就相当于给出负闪的分布特点。正闪发生次数远远低于负闪。表 3.2 给出各市正闪次数及其所占总闪的比例。由表可知，正闪所占比例在 0.31～4.73；正闪比例超过 4% 的有阜阳、亳州两市，其他市的比例都小于 3%；正闪比例较小的位于沿江和江南地区，普遍小于 1%；江淮之间多介于 1%～2%。

表 3.2 安徽省各市正闪及其所占比例

地区	平均正闪(次)	正闪比例(%)	地区	平均总闪(次)	正闪比例(%)
宿州	541	2.23	淮北	233	2.19
阜阳	2146	4.73	蚌埠	575	1.95
亳州	1214	4.13	淮南	343	2.58

续表

地区	平均正闪(次)	正闪比例(%)	地区	平均总闪(次)	正闪比例(%)
六安	2770	1.86	合肥	835	1.30
巢湖	706	0.86	滁州	1127	1.35
马鞍山	44	0.44	芜湖	97	0.57
安庆	1546	1.69	池州	603	1.39
铜陵	81	1.24	黄山	293	1.07
宣城	196	0.31			

通过安徽省各市闪电空间分布发现，闪电主要是发生在大别山区和江淮丘陵。其原因可能一是由于山地迎风坡的强迫抬升作用很大，丘陵地区地形起伏不平，易形成各种云体，山地成为雷暴的重要源地，丘陵地区也可能是雷暴的源地。再则，山区的被阴面与朝阳面热力加热分布的不均匀，迎风坡与背风坡对气流影响的不均匀作用，使得山区易发强对流天气。此外，气流过山时，往往会产生背风波。这种波动可以影响到较高的高度；背风波引起的上升运动，往往会促使山谷地区发生新的对流云[6]；云的增多会增加闪电发生的概率。

3.2　强对流天气总能量分布特征

3.2.1　平均总能量分布特征

利用自动气象站资料可以计算各站逐时地面总能量，进而分析强对流天气出现时的总能量分布特征。自动气象站可进行气压、气温、湿度、风向、风速、降水等项目的连续监测，利用逐时自动气象站资料，可以算出各站逐时地面总能量 T_t。T_t 计算公式为：

$$T_t=(\frac{E_t}{C_{pd}}-T_0)=t+\frac{Agz}{C_{pd}}+\frac{Lq}{C_{pd}}+\frac{AV^2}{2C_{pd}} \tag{3.1}$$

式中 E_t 称为空气的总比能，C_{pd} 为干空气的定压比热容，$C_{pd}T$ 称为比焓，Agz 称为比位能，Lq 称为潜热能，$AV^2/2$ 称为比动能。

将 2004 年 6—8 月各站逐时的地面总能量进行平均，得到全省总能量分布形态。由于 15—17 时是强对流天气发生最集中的时段，因此只绘出 15—17 时全省逐时地面总能量分布图(彩图 3.6)。

具体分析结果是：合肥、巢湖到马鞍山一带和安庆、枞阳地区是能量高值区。与 1971—2000 年出现冰雹的实况对比，上述地区正是冰雹发生较少的地区(马鞍山 1 次、巢湖 1 次)。而沿淮东部、大别山区、皖南山区等能量低值区则是冰雹发生较多的地区(灵璧 13 次、凤阳 10 次、天长 8 次、太湖 12 次、潜山 7 次、绩溪 12 次)。由此可知，6—8 月平均地面总能量的分布与强对流天气发生区域的分布有一定的对应关系。

3.2.2　总能量与强对流天气相关分析

地面平均总能量的分布与强对流天气出现区域具有较好的对应关系，至于较强的强对流天气过程发生时，两者之间的关系将通过两次个例加以说明。两次个例的时间分别为：2004 年 7 月 8 日、2005 年 6 月 14—15 日。

3.2.2.1 2004 年 7 月 8 日个例

2004 年 7 月 8 日 13 时左右起，安徽省自北向南出现大面积雷雨大风、冰雹等强对流天气，其中 13 个县市为偏北大风，主要发生在长江以北地区，而集中在沿淮地区；利辛（17 时 32 分）、霍山（20 时 33 分）出现冰雹，霍山最大冰雹直径 50 mm，见彩图 3.7a。强对流天气给各地造成了严重损失，为此对 2004 年 6—7 月逐时地面总能量进行计算，并结合 7 月 8 日的强对流天气实况进行对比分析。

彩图 3.7b 为 2004 年 7 月 8 日安徽省地面总能量。由图可知，沿淮淮北地区的总能量多在 55℃以下，65℃的总能量等值线位于江淮之间中部，江淮之间中部以南的多数地区总能量高于 70℃。由于 2004 年 7 月 8 日中午起安徽省淮北、江淮之间北部相继发生了强对流天气，大气中积聚的能量得到较为彻底的释放，因此使得此后 20 时这些地区都处于能量低值区。同时可以看到，总能量的锋区密集区位于江淮之间中部。而 20 时霍山恰好处于能量锋区靠近高能区的一侧，随之出现冰雹。

利辛、霍山出现了冰雹，因此要重点关注两站的总能量变化。图 3.8 为利辛、霍山 2004 年 7 月 8 日 08 时到 9 日 08 时与 6—8 月平均的逐时地面总能量变化。图中霍山站出现特大冰雹，观测仪器受到损坏，所以 21 时的观测资料缺测，无法计算总能量，导致该时次的地面总能量缺失。由图可知，7 月 8 日 08—15 时，利辛、霍山的地面总能量分别与其地面总能量夏季平均值基本相当，然而利辛在 16—17 时之间总能量近似呈直线下降，霍山在 20—22 时总能量也是迅猛下降，即在冰雹强对流天气发生前 1～2 h，地面总能量有迅速减小和释放的过程；此后相当长的时间内地面总能量也远低于平均值，直至 9 日 08 时才逐渐恢复到近于能量平均值的水平。

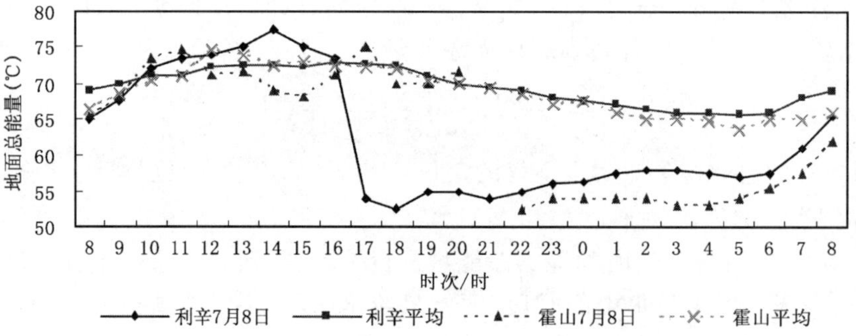

图 3.8 2004 年利辛、霍山地面总能量逐时变化曲线

由 2004 年 7 月 8 日的个例可以说明，从空间的角度来看，冰雹强对流天气发生在地面总能量低值区，高能区不易发生强对流天气；从时间角度来看，总能量迅速下降和释放之后，出现强对流天气，然后总能量逐步恢复到能量的平均状况。

3.2.2.2 2005 年 6 月 14—15 日个例

2005 年 6 月 14 日夜里—15 日凌晨安徽省江北东部出现强对流天气，5 个县市出现雷雨大风天气；从大风出现的时间可以看出，北部的砀山为 20:12，自北向南大风时间逐渐向后推延，到达芜湖的时间为 15 日凌晨 04:12；宿州市、定远北部、凤阳、固镇等部分乡镇出现冰雹，定远县、固镇县冰雹最大直径 50 mm，宿州市埇桥区朱仙庄镇的冰雹最大直径 20 mm 左右(图 3.9)。

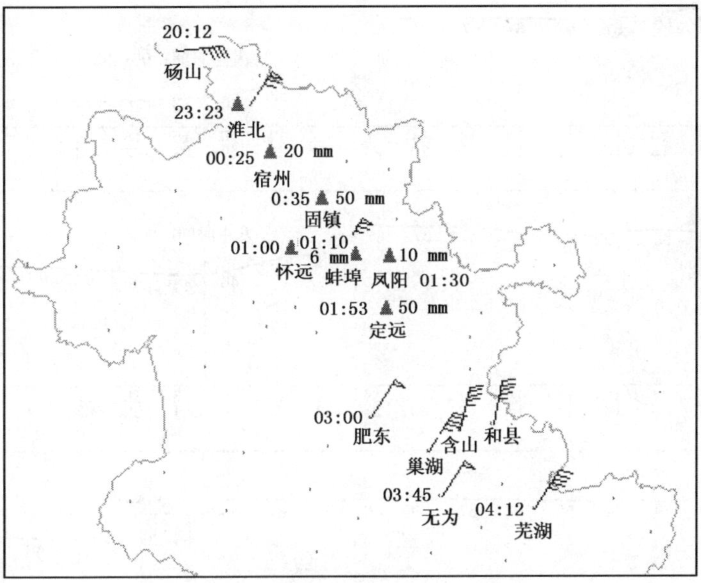

图 3.9　2005 年 6 月 14—15 日强对流天气实况

由于这次冰雹天气大体出现在自北到南的淮北到定远一线附近，因此，选择宿州、固镇、定远 3 站，计算逐时地面总能量，绘出其地面总能量时间序列曲线(图 3.10)，图中标示出强对流天气的发生时间。由图可见，宿州在 14 日 21 时前，总能量在 67～70℃，22 时开始迅速下降，到 15 日 00 时已经降到 50℃，00:25 出现冰雹，此后总能量维持在 49℃；固镇在 14 日 21 时前，总能量在 62～67℃，22 时开始迅速下降，到 15 日 00 时已经降到 46℃，00:35 发生冰雹天气，此后总能量维持在 44～48℃；定远在 15 日 00 时前，总能量在 67～69℃的窄幅范围内变动，01 时开始迅速下降，到 02 时已经降到 45℃，01:53 发生冰雹天气，此后总能量基本在 45～49℃范围内变化。可以发现一个共同特点，就是这 3 个站出现冰雹天气前 2～4 h 间，地面总能量均有大幅度的降低，出现冰雹后该时次的地面总能量达到最低，此后的总能量变化非常小，有逐步恢复到常态的趋势。这种变化特征对强对流天气的预报有较好的指示意义。

同时绘制出强对流天气发生的典型时间(2005 年 6 月 15 日 01 时)合肥以北各站地面总能量分布图，见图 3.11。图中粗实线为总能量的锋区位置。由图可见，在宿州、固镇、凤阳到泗县一带总能量最小，等值线非常密集，有一能量锋区存在。能量锋区多是不同性质(冷一暖或干一湿)气团的交界面，强对流天气往往发生在这个交界面；王笑芳等通过对北京地区 10 个冰雹例子的分析得出冰雹落区大都在能量锋区及其附近[7]。本次强对流天气过程中冰雹天气也主要发生在能量锋区附近，再次验证了强对流天气发生在能量低值区和能量锋区。

通过 2005 年 6 月 15 日强对流天气个例的分析，从时间的角度来看，出现冰雹天气前 2～4 h 内，地面总能量有大幅度降低和释放的现象，出现冰雹后该时次的地面空气总能量达到最低，此后的总能量变化非常小，有逐步恢复到常态的趋势；从空间的角度来看，冰雹天气也主要发生在能量低值区和能量锋区附近。

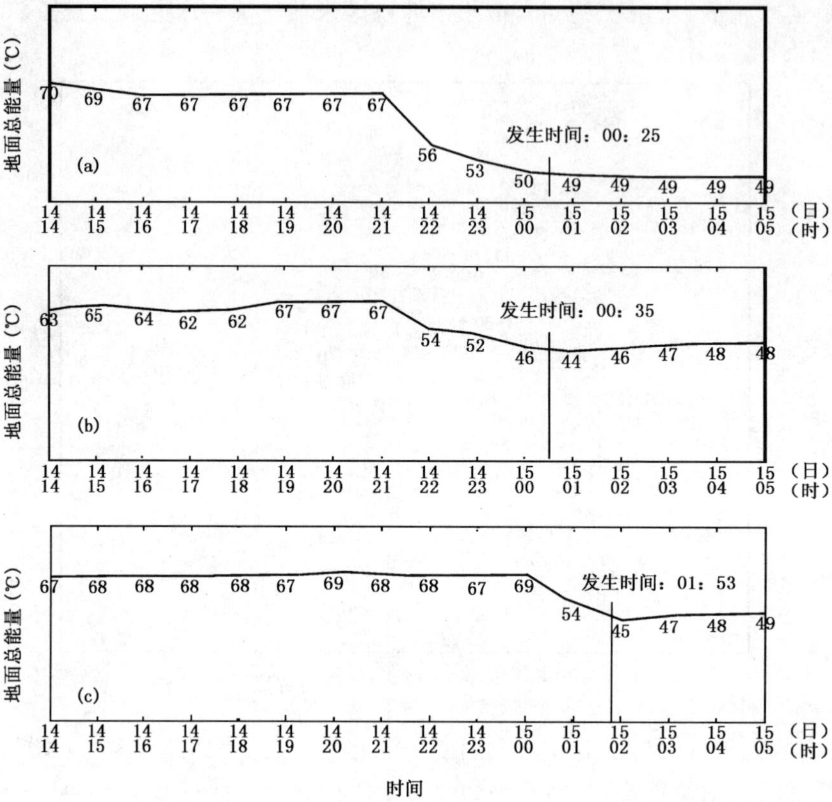

图 3.10　2005 年 6 月宿州(a)、固镇(b)、定远(c)的地面空气总能量时间序列图

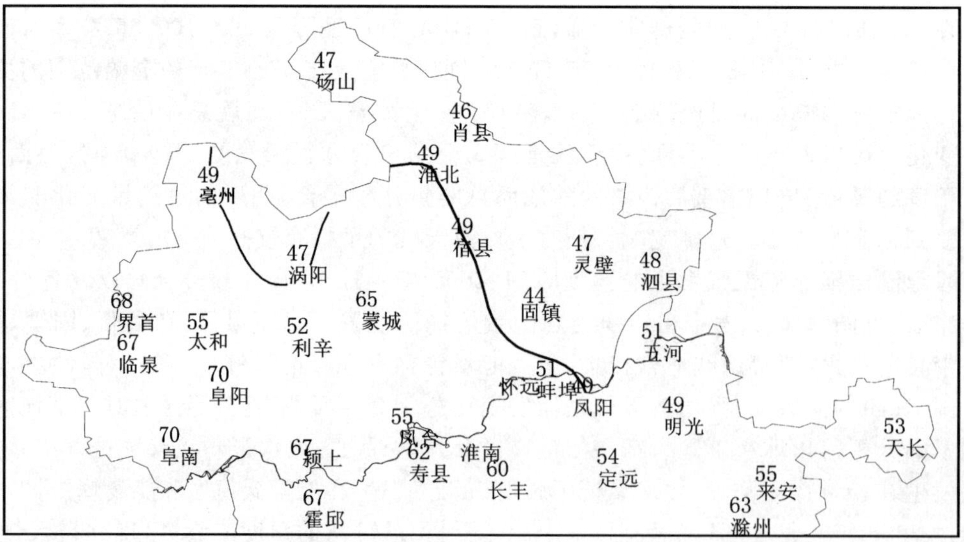

图 3.11　2005 年 6 月 15 日 01 时地面总能量(单位:℃)分布

3.3 连续强对流天气诊断分析

尽管安徽出现强对流天气是经常性的[8,9]，但是多数强对流天气维持时间不过1～2 d，往往是局部性的，造成的损失也比较轻微，很少有近一周时间的持续强对流天气出现。为了对产生汛期连续强对流天气的指标进行诊断和总结，选用2004年汛期较为典型的强对流天气过程7月5—10日作系统性的分析，主要包括连续性过程的天气系统、强对流天气动力热力结构分析和预警指标等方面内容。

3.3.1 基本概况

2004年汛期安徽省强对流天气发生异常频繁(表3.3)，仅6—7月间，全省就有30多个县市先后多次遭受到雷暴大风、冰雹、龙卷风袭击，特别是7月5—10日每天都有强对流天气产生。从北到南遍及全省，这种现象是历史上少见的。强对流天气给人民生命财产带来较大的损失。据不完全统计，受灾人口271.11万，死亡19人(其中雷击死亡5人)，受灾面积16.4万公顷，损坏房屋66713间，直接经济损失达69950万元。

表3.3 7月5—10日安徽省强对流天气主要指标

日期	时间	强对流天气形式	灾害区域(市、县)
5	3:40—4:10	大风、冰雹、龙卷	六安
	15:20—18:25	大风、冰雹	六安、寿县、风台
6	5日23:50—6日3:00	大风、冰雹、龙卷	砀山、萧县、寿县
	1:00—6:00	大风、冰雹、雷暴	安庆、怀宁、歙县
7	2:30—5:50	大风、龙卷、雷暴	东至、石台、宣城
	12:40—16:40	龙卷、冰雹、雷暴	蒙城、颍上、霍丘、潜山、庐江、望江、无为
8	13:30—17:15	大风、冰雹	砀山、亳县、涡阳、界首、利辛
	8:30—9:10	大风、冰雹	霍山
9	15:00—19:40	大风、冰雹、雷暴	舒城、巢湖、歙县、宣城
10	16:00—19:00	大风、冰雹	岳西、太湖、安庆、枞阳

3.3.2 大尺度环流特征

天气学原理中指出，强对流天气是天气尺度、中尺度和积云尺度系统或大、中、小尺度相互作用的产物。可是由于对这3类尺度系统相互作用的认识还不太清楚，其相互影响的机理还没有认识到位，因此对于强对流天气的分析和预报依然是摆在人们面前非常困惑的问题之一。大尺度环流系统是中小尺度天气产生的背景条件，即使是同一种的大尺度环流系统，也可以产生若干种中小尺度天气现象。比如冰雹与暴雨同属强对流性天气中小尺度系统，它们有许多共性，尺度比较小，生命史比较短，都可以出现在大尺度场具有气旋性涡度区内，低层潮湿且具有不稳定能量，需要较强的中尺度触发机制等。

单从每一次过程来看，强对流天气是局地性的，但是本次强对流天气是连续性的，而且造成的危害严重，分布在全省范围内，因此其大尺度背景系统应该有其独到的特点。一种天气系统存在较长时间，往往可能与大范围的大气环流有关。这里主要分析东亚地区的低槽和西太平洋地区的高压分布形势，以此来解释大尺度环流的空间特征。

3.3.2.1 东亚低槽稳定

多年梅雨期西风带环流形势分析指出，长江中下游地区此时的西风带环流形势多为单阻型或双阻型，乌拉尔山或贝加尔湖地区为阻塞高压（即阻高），其下游亚洲大陆 55°N 以南为东亚大槽，鄂霍次克海为阻塞高压，形势比较稳定[10]。2004 年梅雨期 500 hPa 天气图上乌拉尔山维持一阻高，与梅雨形势一致，但在鄂霍次克海则有一个稳定深厚的低压系统，与梅雨的阻高形势有很大差别。5 日开始在蒙古有高压脊生成，向东北方伸展，环流经向度增大。同时东北气旋并入鄂霍次克海低压，其低槽伸向中国东部地区，槽线自东北至鲁、皖、赣一线（图 3.12a），其后 6—13 日该槽稳定少动（图 3.12b）。槽线前沿地区往往容易产生各种天气现象，处于北方冷空气和南方暖湿空气的交汇地，切变和风速风向辐合引发对流不稳定[11]，为该地区产生强烈不稳定天气创造了条件。

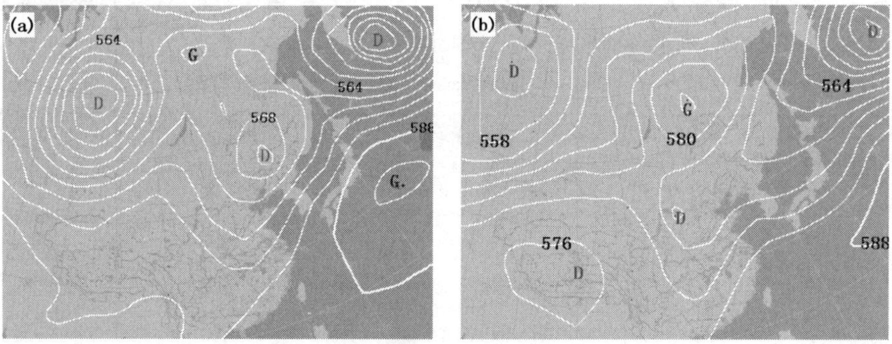

图 3.12 500 hPa 高度天气图（单位：dagpm）

（a：7 月 6 日 08 时；b：7 月 11 日 08 时）

3.3.2.2 副热带高压弱而偏东

常年而言，夏季西太平洋副热带高压（即副高）应有两次季节性北跳。第一次北跳一般在 6 月中旬末，副高脊线北移到 20°～26°N，此时江淮地区进入梅雨季节；7 月上旬末到中旬初，副高再次北跳，以后脊线便维持在 30°N 附近，黄淮和华北地区先后进入雨季。2004 年盛夏副高并非如此，主体强度较弱，并且非常不稳定。在 500 hPa 图上，6 月上中旬副高仍在西太平洋上 20°N 附近摆动，西伸脊点依然在 130°E 以东地区。6 月下旬副高脊线虽然到达25°N左右，其第一次北跳有所推迟；西伸脊点也没有西伸到 120°E，仍在海上活动（图 3.12）；7 月 15 日之后副高西伸脊点才越过 120°E，在大陆登陆而且很不稳定。

有文献指出，副热带高压位置一年中南北变化过程具有缓慢式与跳跃式及振荡的几大特征，夏季副高有规律北抬的变化，有利于江淮梅雨和华北降水持续[11]。2004 年副高强度偏弱，主体位置偏东，虽然不利于持续稳定降水，却有利于东亚低槽 5—13 日在我国东部沿海停留，北方冷空气沿槽后直达中部地区，而南方暖湿空气则沿槽前聚集在此，使得冷暖气团在长江中下游地区维持，易导致对流性天气的发生。

因此，大尺度环流最主要的特征是东亚低槽较长时间出现在东北—山东—安徽—江西一线，而副高强度减弱、位置有所偏东的维持也是造成东亚低槽一直保持在东亚地区的重要原因。另外，与梅雨天气大气环流分布非常显著的差异是，鄂霍次克海有一个稳定深厚的低压系统存在。可以说，这种低压涡旋环流形势的分布，容易使得大气在长江中下游地区不断累积，为强对流天气的形成、发展提供了非常好的条件。

3.3.3 动力热力结构

某种类型的冰雹强对流天气环流背景，往往类似于相应类型的暴雨大尺度环流背景。这就使得许多情况下，无论根据冰雹出现前还是冰雹发生时的资料，用天气模型来预报都是很难区分冰雹和暴雨的。针对这种情况，基于 2004 年 7 月 5—10 日连续发生的强对流天气，计算大气 1000～100 hPa 各层多种物理量，从温湿结构、动力激发条件、稳定度 3 方面综合分析强对流天气发生的物理结构，并且与产生暴雨的天气条件进行比较分析。

(1) 温湿结构

冰雹、大风或龙卷风发生的当日 08 时地面到 850 hPa 处于温度较高区域，但并不在高温中心，地面温度一般≥25℃，500 hPa 有冷温度槽，上下层温差较大。大气中的水汽(比湿 q)分布是，低层(1000～850 hPa)处于大值区，中上层水汽含量小，空气冷干。7 月 7 日 13—16 时安徽全省从南到北均发生强对流天气，08 时 850 hPa 安徽处于高湿区，淮北有一高湿中心，水汽含量达 13.2 g/kg，同时 500 hPa 处于低湿区，空气中水汽含量仅 0.1 g/kg。这表明冰雹、大风或龙卷发生前，大气低层温度相对周围较高，空气水汽含量大，而中高层低温低湿，空气干燥。

由图 3.13 可知，发生强对流天气(冰雹、大风、龙卷)时，低层空气水汽含量高，但是不存在水汽输送(qv)，而是处于水汽输送的负值区内，这是与产生暴雨天气的主要区别。安徽出现暴雨，通常自西南或南部沿海有一条水汽输送带直达长江中下游地区，其前部辐合区多为暴雨区[10]。7 月 5—10 日连续强对流天气发生过程中，由于受高空低槽控制和副热带高压偏弱偏东，没有建立起良好的水汽输送通道。

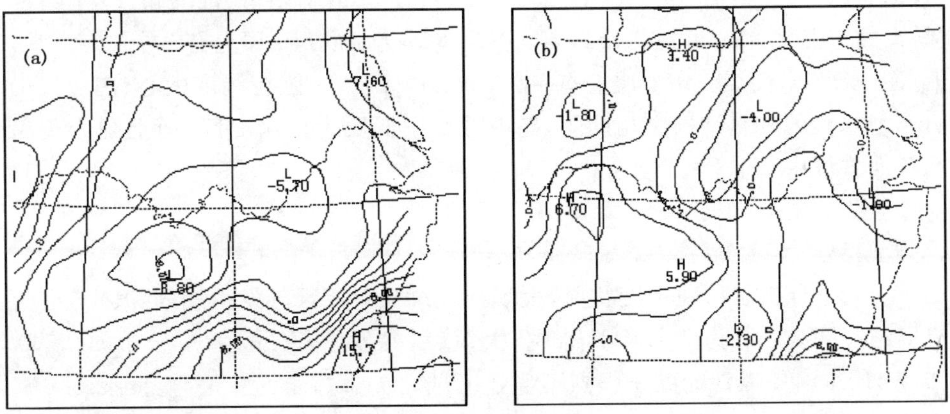

图 3.13 2004 年 7 月 7 日 850 hPa 水汽通量(单位：10^{-7} g/cm · hPa · s)

(a：08 时；b：20 时)

(2)动力激发条件

产生强对流天气,垂直上升运动是必要条件。通过对 7 月 5—10 日连续强对流天气过程中各层物理量的计算分析,揭示了其强度、垂直结构以及水平分布特征。

1)垂直运动

2004 年 7 月 5—10 日连续强对流天气过程中从低层到高层都有垂直上升运动区配合,愈往高层垂直上升运动愈强。7 月 7 日下午 13—16 时安徽的中北部大范围大风、冰雹、龙卷等强对流天气发生前,7 月 7 日 08 时 850 hPa、500 hPa、300 hPa 垂直速度分布(图 3.14)为:安徽中北部上空整层处于上升区内,500 hPa 和 300 hPa 图上有较强上升中心,在其附近有下沉中心,这种上升下沉中心耦合情况,在暴雨诊断分析中也常存在。说明强对流天气在大尺度天气系统组织和制约下还存在次级环流,更有利于强对流天气发展。暴雨与冰雹、大风雷暴天气不同的是,暴雨发生大多在中低层有较强的垂直上升运动,300 hPa 和 200 hPa 常有反气旋产生。

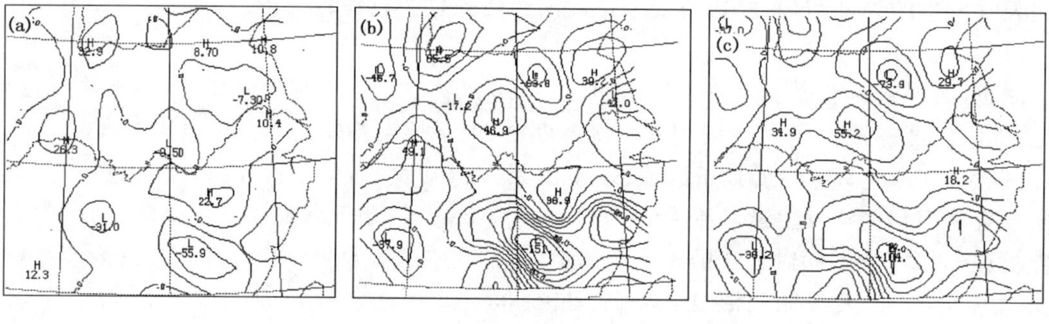

图 3.14　2004 年 7 月 7 日 08 时垂直速度分布(单位:10^{-4} hPa/s)
(a:850 hPa;b:500 hPa;c:300 hPa)

2)涡度

2004 年 7 月 5—11 日每天冰雹、大风、雷暴等强对流天气主要发生在下午(13—19 时)。每天 08 时和 20 时两次逐层涡度场分析发现,冰雹、大风等强对流天气发生前中低层均为负涡度,高层(300 hPa)为正涡度。7 月 8 日 13:00—17:15 安徽阜阳市、淮北市 10 个县产生冰雹、大风、雷暴天气。由图 3.19 可知,500 hPa 以下为负涡度,700 hPa 层上有一个 -21.2×10^{-6}/s 负涡度中心(图 3.15a),而 300 hPa 层上有一个 152.0×10^{-6}/s 强正涡度中心(图3.15b),这种涡度垂直分布与暴雨的垂直结构是相反的,暴雨过程中低层为正涡度区,而上层为负涡度,强降水产生在正涡度区内[11]。

(3) 稳定度条件

1)位势不稳定

用 $\Delta\theta_{e850\sim500}$ 来分析层结稳定度状况,发现在连续强对流天气发生期间,其上空存在强对流性不稳定层结。图 3.16a 为 7 月 7 日冰雹、大风、雷暴发生前 $\Delta\theta_{e850\sim500}$ 分布图,其单位为 K。由图可知,7 日 08 时安徽江北处于强烈不稳定区域,$\Delta\theta_{e850\sim500}$ 最大中心值达到 15.6 K,在强不稳定中心移动的方向上 $\Delta\theta_e$ 梯度最大处是未来发生冰雹、大风、雷暴区。7 日 20 时强不稳定中心移出安徽到达江苏南京附近。

2)A 指数

A 指数是表征大气中低层温湿变化的不稳定状态指数,指数愈大说明大气中低层水汽含

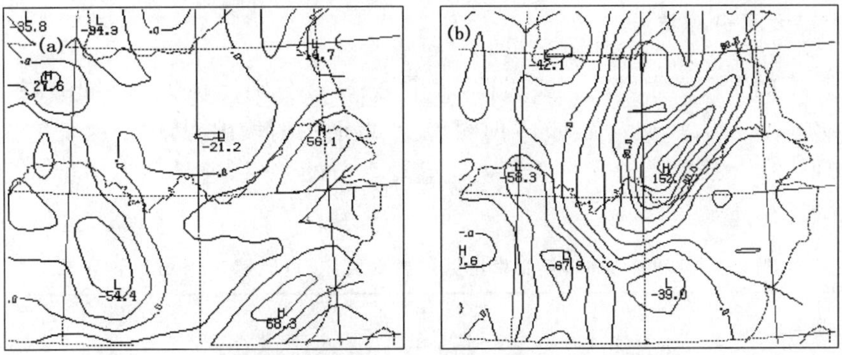

图 3.15　2004 年 7 月 8 日 08 时涡度分布(单位:10^{-6}/s)
(a:700 hPa;b:300 hPa)

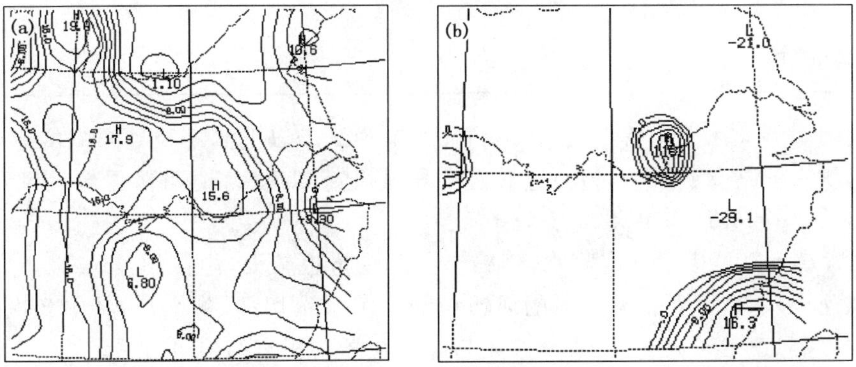

图 3.16　2004 年 7 月 7 日稳定度分布
(a:08 时 $\Delta\theta_{e850\sim500}$;b:20 时 A 指数)

量愈高,湿度变化大,愈有利于降水发生。暴雨实例分析发现,A 指数大于 10℃的区域与降水区对应,大于 17℃则有强降水发生。图 3.16b 是 7 月 7 日 20 时 A 指数分布图,其单位为℃。由该图可见,在冰雹、大风、雷暴发生区有一个 11.2℃的正值中心;7 月 7 日 08 时在安徽上游湖北到大别山区有一个中心为 7.5℃的正值区东移,连续 6 天冰雹、大风、雷暴发生。A 指数计算分析发现,$A\geqslant6$℃的区域就有可能产生冰雹、大风、雷暴强对流天气,临界值比产生强降水的要小。产生不同的天气现象可能与水汽输送及水汽含量大小有密切关系。

3.4　强雷暴大风个例分析

在 1990—2004 年 15 年间,北京发生的强雷暴大风(最大阵风风速大于 30 m/s)共有 5 次,时间分别为:1990 年 8 月 20 日、1992 年 7 月 16 日、1993 年 9 月 11 日、1996 年 7 月 4 日和 2003 年 7 月 19 日。

3.4.1 强雷暴大风日的特点

表 3.4 为 5 次强雷暴大风的主要属性，表中 A、B、C 分别代表 3 个不同的测站。统计结果分析表明，5 次强雷暴大风均发生在 16 时至晚上 22 时的时段内，其中 3 次发生在 7 月份，8 月和 9 月各出现一次。强雷暴大风主要发生在盛夏季节的午后，这是因为午后热力增温有利于强雷暴大风的产生。

表 3.4 1990—2004 年北京地区强雷暴大风日(风速≥30 m/s)概况表

主要属性	1990 年 8 月 20 日	1992 年 7 月 16 日	1993 年 9 月 11 日	1996 年 7 月 4 日	2003 年 7 月 19 日
发生时段(北京时)	16—19 时	20—21 时	17—19 时	18—22 时	17—18 时
最大风速(m/s)	32	35	30	30	36
相伴天气现象	降水、冰雹	降水	降水、冰雹	降水	降水、冰雹
降水量(mm)	43.5	15.4	17.3	14.7	30
影响的测站(个)	3 A、B、C	1 B	2 A、C	2 B、C	1 C

这 5 次强雷暴大风发生所造成的影响较大，其中 2 个以上测站受到影响的有 3 次；另外 2 次虽然只有 1 个测站受到影响，但是这 2 次的阵风风速却很大，说明强雷暴大风发生时，受影响的地区广，产生的破坏力也大。

5 次强雷暴大风发生时均有降水伴随产生，降水量也较大，均在 10 mm 以上，且降水量较大的个例风速也较大，说明雷暴大风的风速与降水关系密切；除降水外，其中 3 次过程有降雹现象，而且阵风风速也较大，表明雷暴大风与降水粒子的相态结构也有关。

3.4.2 环境场形势特征

该 5 次强雷暴大风发生时，环境场的形势特征均为冷涡型，即中空 500 hPa 图上有闭合低压存在，且其后有闭合冷中心伴随，槽后冷平流较强；低空 700 hPa 和 850 hPa 图上，冷涡配置如 500 hPa，但是位置较 500 hPa 偏前些，为后倾槽，具有强斜压性；另外，低空槽前暖温度脊密集处有锋生现象，有利于产生强上升运动。这样的垂直配置有利于产生强对流天气。

3.4.3 不稳定参数变化特征

这 5 次强雷暴大风发生前后，各强对流参数数值都发生了变化，只是程度大小不同(表3.5～3.10)。发生雷暴大风前，最佳对流有效位能($BCAPE$=1651.1 J/kg)、下沉对流有效位能($DCAPE$=994.2 J/kg)、深对流指数(DCI=33.5)、抬升指数(LI=−5.3)、大风指数($WINDEX$=29.1)、风暴螺旋度(SRH=105.9 m^2/s^2)、能量螺旋度(EHI=0.7 m^4/s^4)和风暴强度指数(SSI=73.8)数值都较大，14 时与 08 时探空资料相比，数值都升高许多；雷暴大风发生后，各参数数值都有所减小，其中 $BCAPE$、LI、DCI、SSI、EHI 和 $WINDEX$ 减小明显。可以看出，雷暴大风发生前，大气极不稳定，大气能量不断积聚，有利于上升气流达到较强程度。各参数值都能反映出这一点，而产生雷暴大风后，大气趋于稳定。

表 3.5　1990 年 8 月 20 日雷暴大风(16 时)出现前后强对流参数值对比表

时间	BCAPE (J/kg)	DCAPE (J/kg)	LI (℃)	DCI (℃)	WINDEX	SRH (m^2/s^2)	SSI	EHI (m^4/s^4)
08 时	1981.1	1180.5	−5.5	36.9	25.2	39.8	67.6	0.49
14 时	3333.8	1245.2	−9.5	41.3	36.6	105.9	101.2	2.21
20 时	292.2	821.6	−0.3	28.3	0	75.8	45.6	0.14
差值	3041.6	423.6	9.2	13.0	36.6	69.9	55.6	2.07

表 3.6　1992 年 7 月 16 日雷暴大风(20 时)出现前后强对流参数值对比表

时间	BCAPE (J/kg)	DCAPE (J/kg)	LI (℃)	DCI (℃)	WINDEX	SRH (m^2/s^2)	SSI	EHI (m^4/s^4)
14 时	1570.1	813.9	−4.0	35.2	24.1	28.2	47.3	0.28
20 时	1402.8	788.1	−4.6	35.5	25.8	50.7	63.7	0.44
02 时	553.8	456.2	22.8	7.4	0	65	29.8	0.22
差值	1016.3	221.9	27.4	28.1	25.8	14.3	33.9	0.22

表 3.7　1993 年 9 月 11 日雷暴大风(18 时)出现前后强对流参数值对比表

时间	BCAPE (J/kg)	DCAPE (J/kg)	LI (℃)	DCI (℃)	WINDEX	SRH (m^2/s^2)	SSI	EHI (m^4/s^4)
08 时	103.4	0	1.7	17.4	0	150.2	45.8	0.10
14 时	799.7	631.8	−3.0	22.1	21.5	253.2	61.9	1.27
20 时	67.3	0	1.3	16.4	0	−80	24.9	0
差值	732.4	631.8	4.3	5.7	21.5	−333.2	37.0	1.27

表 3.8　1996 年 7 月 4 日雷暴大风(18 时)出现前后强对流参数值对比表

时间	BCAPE (J/kg)	DCAPE (J/kg)	LI (℃)	DCI (℃)	WINDEX	SRH (m^2/s^2)	SSI	EHI (m^4/s^4)
08 时	83.4	0	−0.5	29.9	0	92.4	39.8	0.05
14 时	1109.6	1130.9	−5.2	34.6	27.6	102.4	73.1	0.71
20 时	208.5	620.9	−1.5	31.5	0	139.7	56.8	0.18
差值	901.1	510.0	3.7	3.1	27.6	−37.3	16.3	0.53

表 3.9 2003 年 7 月 19 日雷暴大风(17 时)出现前后强对流参数值对比表

时间	*BCAPE* (J/kg)	*DCAPE* (J/kg)	*LI* (℃)	*DCI* (℃)	*WINDEX*	*SRH* (m^2/s^2)	*SSI*	*EHI* (m^4/s^4)
08 时	222.3	1052.3	−1.8	30.2	18.9	26.4	33.7	0.04
14 时	1442.5	1149.3	−4.3	32.7	33.8	39.7	69.0	0.36
20 时	393.1	751.0	−2.1	34.1	0	70.5	41.5	0.17
差值	1049.4	398.3	2.2	1.4	33.8	40.8	27.5	0.19

表 3.10 5 次强雷暴大风出现前强对流参数平均值表

项目	*BCAPE* (J/kg)	*DCAPE* (J/kg)	*LI*	*DCI*	*WINDEX*	*SRH* (m^2/s^2)	*SSI*	*EHI* (m^4/s^4)
数值	1651.1	994.2	−5.3	33.5	29.1	105.9	73.8	0.7

3.4.4 探空类型

5 次强雷暴大风发生前的探空结构中 4 次为漏斗型，说明强雷暴大风发生前，大气低层潮湿，中空较干，这种上干冷、下暖湿的垂直结构配置有利于强对流天气的发生和发展。另外 1 次为湿条件不稳定型，配合天气图可以看出，当日的大气整层为东南气流，使大气低层非常潮湿；500 hPa 涡后存在一定的干冷空气扰动，在这种情况下产生了较强的局地雷暴大风天气。

3.5 龙卷风的中尺度分析

3.5.1 2003 年一次龙卷风个例

3.5.1.1 天气背景

由 2003 年 7 月 8 日高空 500、700 和 850 hPa 天气图（图略）分析可知，华西有低槽东移，尤其在 7 月 8 日 20 时，高空三层的低槽位置几乎完全重合，在安徽省江淮南部到沿江地区形成准南北向的风切变线，产生龙卷的庐江和无为县上空为槽前的西南风[12]。500 hPa 西南风风速达到 24～32 m/s，700 hPa 为 18～20 m/s，850 hPa 西南风速为 12～16 m/s。从探空资料来看，距离无为、庐江最近的探空站（安庆）7 月 8 日 20 时的对流不稳定能量 *CAPE* 的数值为 2120 J/kg，*K* 指数为 34℃，沙氏指数是−5.5，表明大气当中存在强烈的对流不稳定。不过需要指出，安庆距离庐江 70 km，距离无为近 100 km，安庆站的探空不一定能代表庐江和无为的实际情况，只有有限的参考价值。7 月 8 日 22 时地面加密的风场资料如图 3.17 所示。从图中看到在庐江和桐城县之间有明显的气旋式风切变，庐江为东南风，而桐城为西北风。同时注意到，庐江和无为、桐城和舒城之间有风场辐合。另外，此前这一地区一直暴雨不断，地面普遍积水。大气层结的对流不稳定、低层的辐合切变风场和大片的地面积水为此次系列龙卷的产生提供了有利的背景条件。

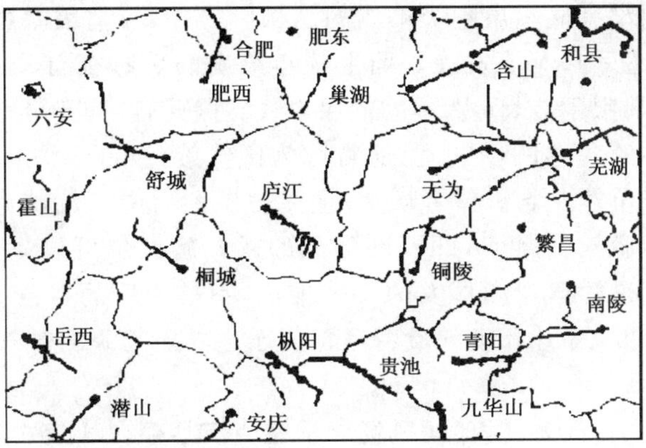

图3.17　2003年7月8日22时地面加密风场分布

3.5.1.2　多普勒雷达资料分析

2003年7月8日夜间，位于大片层状云降水区中的一条对流雨带(飑线)自西向东由舒城和桐城县移入庐江县。21时57分，位于该飑线中部出现一个小尺度涡旋(气旋式)速度特征，该特征仅局限于低层，具体位置在庐江县的西北部与舒城县交界处附近，对应于反射率因子场上的飑线前侧的一个入流缺口(图略)。上述特征持续了好几个体扫。22时10分，在飑线的南端出现另一个类似的小尺度涡旋速度特征，具体位置在庐江县西南靠近与桐城县的边界，其在0.5°仰角(约1000 m高度)的旋转速度(正负速度对的绝对值之和的二分之一)约为20 m/s。该小尺度涡旋特征局限于低层并一直持续，与观测到的发生在庐江县西南的龙卷相对应，该龙卷产生10级大风，将数棵直径30 cm左右的梧桐树连根拔起。上述飑线逐渐演变为一个类似弓形回波的中尺度对流系统，移入无为县境内，其后面紧跟着另一条飑线。上述第二个小尺度涡旋在22时15分之后开始减弱，22时55分又重新开始加强，在23时12分左右(彩图3.18)达到最强，并直接对应于23时20分左右发生在无为县的强龙卷。该小尺度涡旋速度特征一直持续到7月9日00时38分，共持续了近2 h 30 min。其间又有两个类似的小尺度涡旋特征出现在径向速度图上(图略)。

彩图3.18给出2003年7月8日23时12分0.5°和1.5°仰角的反射率因子和径向速度。在径向速度图上，箭头所指处清楚显示出小尺度涡旋的速度特征，该涡旋距雷达的距离大约为75 km。0.5°和1.5°仰角速度图上的小尺度涡旋的旋转速度(正负速度对的绝对值之和的二分之一)分别为22 m/s和23 m/s。彩图3.18e、f给出了彩图3.18c、d上小尺度涡旋的放大图。通过上述小尺度涡旋正负速度对中心作与雷达径向垂直的剖面，如彩图3.19所示。在彩图3.19中，向着纸面的方向为沿雷达径向趋向雷达的方向，离开纸面的方向为沿雷达径向远离雷达的方向。从图中可以清晰地识别出在水平坐标25 km和35 km距离刻度之间的小尺度涡旋特征，其正负速度对之间的距离(即涡旋的尺度)约为4 km，涡旋的垂直伸展局限于低层大气，约3 km。根据美国天气局的标准[13]，上述小尺度涡旋可以判定为强中气旋(中气旋的垂直伸展判据要求垂直延伸超过3 km，上述涡旋刚好达到判据要求)，雷达的中气旋算法也将其识别为中气旋(meso-cyclone)。按照文献[13]，中气旋只出现在超级单体风暴中。这一概念最早由Browning所暗示[14]，后被美国雷达气象学界广泛接受。从反射率因子图上看，小尺度涡旋的向着雷达的速度极值对应于0.5°仰角反射率因子对流风暴前沿的入流缺口，但该对流风暴反射率因子结构没有显示出超级单体的结构。另外，与超级单体对应的中气旋往往从对流层中层开始出现，然后向上下发展。而上述小尺度涡旋特征首先出现在0.5°仰角，然后才出现在1.5°仰角，并局限于3 km以下的低层大气。因此，倾向于认为上述小尺度涡旋是与非超级单体风暴相联系的龙卷的母气旋，通常称为微气旋(micro-cyclone)。上述庐江和无为县发生的龙卷为非超级单体龙卷。作者认为，上述被识别为中气旋的小尺度涡旋更接近于边界层起源的发展强盛的微气旋[13,15]，即发展强烈的微气旋偶尔可以满足中气旋判据，但不与超级单体相对应。这只是根据观测事实的一个推论，不是最后的定论。前面提到7月8日夜间到9日凌晨出现的另外3个小尺度涡旋特征也属于边界层起源的微气旋，只是持续时间要短得多。

图3.17给出的7月8日22时地面风场显示在庐江县存在气旋式切变和辐合。切变可产生气旋式涡度，辐合产生上升速度区，当气旋式涡度区与辐合上升速度区遇见预先存在的涡旋时，涡旋由于拉伸而加快旋转，非超级单体龙卷就可能形成。因此，作者认为，此次系列非超级单体龙卷的产生机制与Wilson[15]提出的非超级单体龙卷生成的概念模型是大致类似的。在上面提到的发生在7月8日夜间到9日凌晨的4个微气旋中，导致庐江和无为县龙卷的第二个微气旋维持了2 h 30 min，远远超过一般微气旋的生命周期。作者认为，主要原因在于与这一微气旋相联系的对流风暴的反射率因子的垂直结构由于强的垂直风切变是倾斜的，使得上升和降水导致的下沉气流长期共生，微气旋可以长时间维持。在夜间产生系列龙卷的事件是不多见的，这与下垫面由前期暴雨造成的积水可能有很大的关系。地面积水可造成夜间地表温度较高和地面摩擦减小，这都是有利于强对流和龙卷的产生和长时间维持的。

对于这次龙卷天气的预报，7月8日21时30分，安徽省气象台值班预报员在雷达反射率因子图上发现巢湖市庐江县附近有较强回波，而且在平均径向速度图上有中尺度辐合区存在，立即通过“可视会商系统”通知巢湖气象台：未来该地区可能出现强对流天气。由于当时预报员的注意力都放在判断淮河流域是否会继续强降水上面，对后来的雷达径向速度图没有做仔细的分析。事实上，如果当时仔细分析了径向速度图，是可以作出龙卷预警的。而这种非超级单体龙卷在反射率因子图上几乎没有任何特征。这也进一步说明新一代天气雷达的应用大大提高了对龙卷的预警能力。在上述4个小尺度涡旋特征中，只有第二个涡旋导致的在庐江和无为县的龙卷被观测到。这并不表明其他3个小尺度涡旋没有产生龙卷，有可能它们产生了龙卷，只是强度不大，没有被观测到。

此次强对流天气过程以降雨和龙卷为主要天气现象，没有伴随冰雹。对反射率因子的垂直剖面分析表明，在−20℃等温线(大约在6.5 km高度)以上，反射率因子都在45 dBz以下，因此不具有产生强冰雹的潜势[16]。

3.5.2　2007年一次龙卷风个例

3.5.2.1　龙卷实况

2007年7月3日16时许(北京时，下同)，安徽省天长市秦栏镇观庵村、新华村，仁和集镇七柳村、桃园村，以及江苏省高邮市的天山、菱塘、郭集三镇等地遭龙卷袭击，即在安徽天长和江苏高邮两省交界处遭遇较大龙卷袭击。龙卷经过的路线是：安徽天长仁和镇七柳村—新华村—观庵村—桃园村—江苏高邮菱塘—天山—郭集。整个龙卷持续大约20 min，龙卷所经之处，大树齐腰折断，电线杆纷纷倒地，平房楼房被夷为平地，拖拉机被风刮出十几米远。图3.20给出根据调查得到的龙卷路径（实线），可以认为，它是实际龙卷所经过的路线，其移动方向大致为由西向东。据民政部门确认，这次龙卷因灾死亡 14 人，151 人受伤，转移安置 3318 人；受灾人口达 1 万多人，受灾农作物 140 hm^2，其中绝收 68 hm^2；倒塌、损坏房屋 3000 多间，直接经济损失 2899 万元。

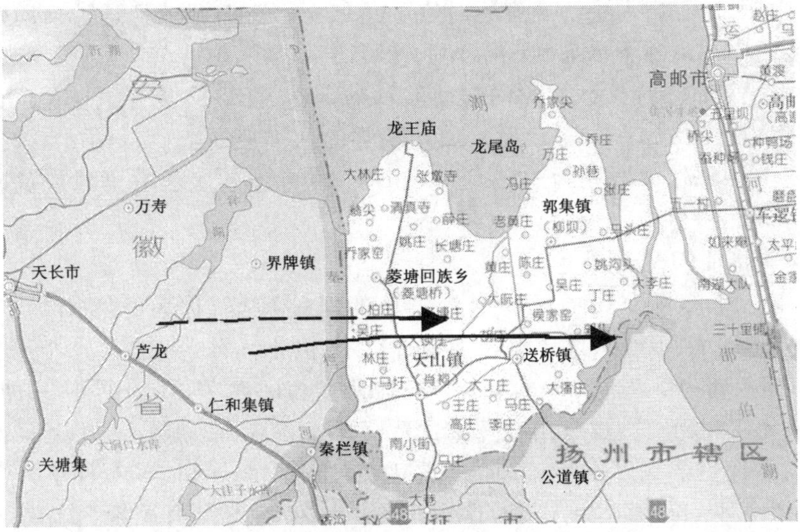

图 3.20　龙卷路径（实线）及雷达探测到的 TVS 路径（虚线）示意图

3.5.2.2　多普勒雷达产品分析

随着探测距离的增加，雷达波束变宽，分辨率降低，所以新一代多普勒天气雷达探测龙卷的有效距离小于 150 km。根据 2007 年 7 月 3 日 15 时 17 分合肥新一代天气雷达的资料显示，在东西向的雨带南侧发展出一条东北—西南向的回波带，此后该回波带东移南压于 16 时 30 分以后开始影响天长，回波强度有 45～55 dBz。本次龙卷发生地距离合肥雷达站 200 km，尽管从合肥雷达强度图上可以判识到雷雨大风，但是合肥雷达无法有效地探测到该龙卷更为细致的相关信息。而龙卷发生地在南京新一代天气雷达的有效探测范围内，南京雷达较为细致地记录该龙卷发生的过程，所以使用南京多普勒雷达资料分析这次苏皖交界处强龙卷过程的有关性质。

(1)基本反射率产品

2007 年 7 月 3 日 16:00，安徽肥东到来安之间有一条比较强的回波带，这条较强的回波带一直延伸到江苏盱眙与安徽天长的交界处，强度在 50 dBz 左右，并且在来安的东北部接近天长的地方有一个编号为 B0 的强对流单体存在，强度在 50～55 dBz。随后这个强对流单体随同强回波带一起向东移动。在东移过程中，编号为 B0 的强对流单体消失，在滁州市内出现编号为 A0 的强对流单体，随之也逐渐消失。16:18 左右（彩图 3.21，其中圆圈范围为对流单体），天长市境内出现了编号为 G2 的强对流单体，随后在六合境内出现了编号为 B0 的强对流单体，在 16:42 左右天长境内又出现了一个编号为 B0 的强对流单体，2 个编号为 B0 的强对流单体逐渐向 G2 靠近，G2 随后在天长发生了龙卷。16:48 左右，只剩一个单体 G2，强度达 55～60 dBz。16:54 左右 G2 移动到天长与高邮的交界处，随后进入高邮境内。虽然这条回波带比较强，但并没有带来强降水，在 16:00—17:00 肥东降水量为 23.8 mm，滁州为 28.7 mm，天长为 14.2 mm。由此可见，龙卷是与对流单体的靠近、加强和发展密切相关。

(2)基本速度产品

在南京雷达基本速度图上(彩图 3.22)，7 月 3 日 16:00 左右，天长境内是大片的正速度区，速度在 10～15 m/s。16:06 开始，天长境内的西北部开始出现了负速度区和零速度区，此区域不断东移南压，逆风区内中心速度绝对值不断加大。张沛源等把这种反向速度区定义为逆风区，逆风区的存在说明所在高度区内有垂直风切变存在，辐合气流加强。16:30，除从此区域分离出的一个小值的负速度区继续向东南移动外，其余区域又转为了正速度区。16:42，在天长境内仁和集附近±5 m/s 的速度对出现在相邻的两个径向上；16:48 左右，正负速度对增加为－10/＋27 m/s，16:54 时则为－15/＋27 m/s。在基本速度图上出现正负速度对是龙卷的特征之一。

(3)龙卷涡旋特征(TVS)

在多普勒雷达速度场上比中尺度气旋更小的涡旋特征，称为龙卷涡旋特征(Tornadic Vortex Signature，简称 TVS)[17]。龙卷的水平尺度很小，直径一般从几十米到几百米，对 TVS 的有效探测距离为 20～100 km，天长和高邮距离合肥在 150 km 以外，远超出 TVS 的有效探测范围，因此在合肥雷达没有出现 TVS；天长、高邮距南京则较近，在南京雷达上识别出了此次天长、高邮发生的龙卷涡旋。16:42 雷达识别出了第一个 TVS，位于天长境内，16:48 和 16:54 连续两个体扫也都识别出了 TVS。16:48，在滁州市内识别出另外一个 TVS，此 TVS 在 16:54 消失。分析天长境内的 TVS 属性表可知，雷达最早识别出 TVS 时(16:42)，它的底部高度在 2.5 km 左右，垂直伸展的厚度为 7.4 km 左右。在 16:48 TVS 的最大切变厚度为 11.4 km，最强切变值为 40×10^{-3}/s，平均速度差为 56 m/s，最大速度差为 90 m/s，这 4 项指标同时达到了最大值。可以看出，这次龙卷发生时，在多普勒雷达上的龙卷涡旋特征是比较明显的，出现的时间与实际龙卷完全相当，而且底部高度、伸展厚度、最大切变厚度、最强切变、最大速度等均达到了最大值，说明新一代多普勒雷达在龙卷预报中有较好的警示意义。

3.5.2.3 龙卷强度的判定及其路径

目前的气象仪器尚难观测到龙卷的风力级别，即使龙卷经过测站也有可能直接损坏观测仪器，因此主要以间接方式来确认风力大小。根据地面损害程度来判定龙卷风力强弱是一种简单、直观的方式。美国芝加哥大学龙卷专家藤田博士(Dr. T. Theodore Fujita)依据风力及其破坏程度，将龙卷分为 F0、F1、F2、F3、F4 和 F5 共 6 个等级，英文字母“F”取自藤田(Fujita)的首字母。表 3.11 中列出的是龙卷强度等级及其典型的破坏程度描述。由龙卷经过路径上的灾情来对龙卷强度定级是可行的。

表 3.11 龙卷等级

等级	估计风速(m/s)	典型的龙卷破坏程度
F0	＜33	轻度破坏：损坏烟囱；刮断树枝；拔起浅根树木；毁坏商店招牌。
F1	33～50	中度破坏：掀起屋顶砖瓦；刮跑或掀翻移动住房；行驶的汽车被刮离路面。
F2	51～70	较严重的破坏：刮走屋顶；摧毁活动住房；掀翻火车车厢；连根拔起大树；空中轻物狂飞；汽车被卷离地。

续表

等级	估计风速(m/s)	典型的龙卷破坏程度
F3	71～92	严重破坏：坚固房屋的屋顶和墙壁被刮走；掀翻火车；森林中大多数树木被连根拔起；重型汽车被卷离地并被抛起。
F4	93～116	毁灭性破坏：坚固房屋被夷为平地；基础不牢的建筑物被刮走；汽车被抛向空中，空中大的物件横飞。
F5	117～142	极度破坏：坚固房屋框架被刮走；汽车大小的物件在空中横飞超过 100 m；飘飞碎片挂树梢；出现难以置信的现象。

F0 和 F1 属于相对较弱的龙卷，风力小于 50 m/s；F2 至 F3 则属于强龙卷，风力介于 51～92 m/s；F4 和 F5 属于猛烈龙卷，F5 的风力甚至能达到 150 m/s。根据走访调查得到的破坏情况和地面损害程度，特别是拖拉机被风刮走和房屋倒塌状况，可以认为 2007 年发生的这次龙卷个例相当于 F2 至 F3 级，属于强龙卷范畴。

图 3.20 为龙卷路径及雷达探测到的路径。龙卷实际路径根据灾情状况推断得到的，雷达探测路径是指 TVS 在各个时刻连线得到的，图中还标示出两者移动方向。从实际路径和探测路径可知，二者比较接近：方向基本一致，都呈现由西到东的指向；路径起始点大致一致，即从安徽天长东部到江苏高邮西部地区，其长度基本相当。上述分析说明，根据多普勒雷达探测得到的本次龙卷 TVS 特性，可以较好地反映龙卷发生发展的路径，因此就个例而言，多普勒雷达具有对路径进行预警的作用。

3.5.3 2008 年一次龙卷风个例

3.5.3.1 天气和灾情

2008 年 7 月 23 日 13 时许，在安徽省阜阳市颍上县部分乡镇出现一次龙卷、大风和降水天气，龙卷风持续约 20 min。据估计，慎城、润河等 10 乡镇遭受大风灾害，此次灾害过程受灾总人数 43669 人，受灾农作物 2958 hm^2，倒塌房屋 277 间，直接经济损失 1692 万元，其中农业直接经济损失 1096 万元。经过调查，这次天气过程从两个方面判断出现了龙卷风，一个是有水柱被吸起在空中，一个是地面倒损的植物并不是线状分布，而是旋转式分布。

为了细致地分析此次过程的降水情况，选用颍上县的高密度雨量观测网来进行。颍上县的高密度雨量观测网的空间距离，最近的仅有 6 km，最远的为 16 km，为 γ 中尺度范围。由 γ 中尺度雨量观测网可知，颍上县各地降水并不大，7 月 23 日 08－20 时的雨量普遍是小到中雨，润河镇的雨量为 10 mm。由润河镇 7 月 23 日 08－20 时逐时雨量直方图(略)可知，08－20 时的降水主要发生在 13－14 时；由润河镇 12:50－14:10 每 10 min 的雨量(图 3.23)来看，3 个 10 min 时段出现降水，即 13:00－13:10、13:10－13:20 和 13:20－13:30，其中以 13:00－13:10 的雨量最大，有 6.3 mm。

3.5.3.2 多普勒雷达分析

多普勒天气雷达是监测中尺度灾害天气的有力工具，然而雷达数据存在一些问题。比较典型的就是雷达探测数据为锥面形式，无法直接得到等高度面上的探测数据及其拼图，给分析和研究天气现象带来一定困难。在实际业务和科研工作中极其需要各种等高度面上的探测数

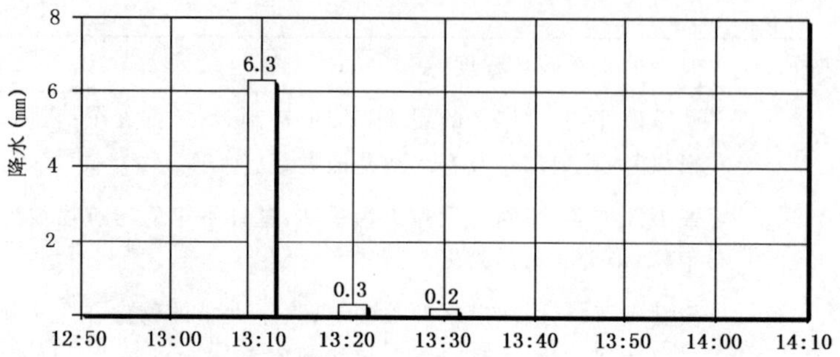

图 3.23　安徽省颍上县润河镇 2008 年 7 月 23 日每 10 min 的雨量直方图

据，针对雷达基数据进行质量控制和等高度面的拼图是目前普遍存在的技术难点。最近灾害天气重点实验室基于多部雷达基数据而不是常规的雷达锥面探测数据，滤除非气象杂波之后，对基数据作插值处理，形成空间分辨率均匀的 3D 网格拼图，通过生成的实时运行的三维雷达组网软件，因此可以得到的各个高度面上的雷达回波拼图数据，实现了包括 x、y、z 平面在内的空间任一切面的雷达回波强度显示[18]。传统意义上的雷达拼图是基于雷达锥面探测数据，只是在几部雷达重叠探测区域内进行插值，实际得到的拼图产品不在同一个高度上。新的拼图技术则改变了传统做法，得到的为一个高度上的拼图产品，其物理意义更加清晰，产品的可用性更加良好。

3.5.3.3　水平分布

运用灾害天气国家重点实验室最新研制开发的多普勒雷达三维拼图技术，对阜阳、合肥、商丘、徐州等多部多普勒雷达进行反演，得出各个等高度面上每 6 min 一次的雷达回波。彩图 3.24 为 7 月 23 日龙卷风发生期间每隔 12 min 的 3 km 雷达回波拼图，图中给出省界与市界，黑圆点为龙卷风发生地(颍上县)。由图可知，雷达回波呈现的是线状的中尺度对流系统，为断续线型的飑线，是非锋面的活跃雷暴带[19]。3 km 高度的回波在安徽阜阳地区为一条近似 NNW-SSE 走向的回波带，一直维持在阜阳地区，较强强度在阜阳雷达的东南方向，最大强度超过 45 dBz。13:00 时最强回波接近龙卷风发生地；13:12、13:24 时最强回波在龙卷风处附近；13:36 时最强回波开始偏离龙卷风，此后逐渐远离龙卷风之处。据此估计，龙卷风发生的时间大约在 13:10－13:25，即主要发生在 13:00 前半个小时内。

3.5.3.4　垂直分布

雷达回波的垂直分布有两种形式，一种为各个高度层上的雷达拼图或者传统意义上的各个仰角雷达拼图，一种为两点之间沿线的雷达回波剖面图。对于各个高度层上的雷达拼图，选择龙卷风发生时期的 13:12，分别绘出 1、3、5 和 8 km 不同高度上的拼图，见彩图 3.25。图中黑圆点依然为龙卷风发生地。龙卷风发生之处一直为回波最强。在 1 km 的雷达回波拼图(彩图 3.25a)中，雷达最强回波大致为由商丘开始到阜阳及其以南一线，其强度在 40 dBz 以上，这条线的南部回波强度更大，在 45 dBz 以上；在龙卷风发生的地方，45 dBz 以上强度的面积比较大。3 km 的雷达拼图(彩图 3.25b)中，雷达最强回波一线依然在商丘—阜阳及其以南，而强度比 1 km 处要弱，最大回波还维持在 45 dBz，45 dBz 以上强度的面积有所减弱。5 km的雷达拼图(彩图 3.25c)中，雷达最强回波一线依然在商丘—阜阳及其以南，而超过 45 dBz最大回波仅在龙卷风附近出现。8 km 的雷达拼图(彩图 3.25d)中，雷达最强回波一线依然在商丘—阜阳及其以南，强度迅速减弱，普遍不超过 30 dBz，不足 40 dBz 的最大回波仅在龙卷风附近的小范围出现。由此可知，龙卷风出现在雷达回波强度最大的地区附近。

雷达剖面图的做法，是沿着某个时次雷达拼图上回波非常强的两点之间画出的。彩图 3.26为 7 月 23 日龙卷风发生前后的雷达回波剖面图，图中横坐标为经纬度，纵坐标为高度。横坐标的经纬度除端点外，其余 4 个点的经纬度为内插出来的，因此共有 6 个经纬度的点。图中黑圆点依然为龙卷风发生地。由图可知，10 dBz 的回波顶高最高处有 16 km，可见此处的对流非常之强。龙卷风发生前(彩图 3.26a)，以 30 dBz 作为分界线，自北向南大致有 4 个回波体，都一一在图中表示出来。回波体 1 和回波体 2 的 10 dBz 高度达到 12～13 km，对流发展已经相当旺盛；回波体 4 的高度亦已达 15 km；而以回波体 3 的高度最高(16～17 km)，强度最大(超过 45 dBz)。龙卷风发生初期(彩图 3.26b)，自北向南大致依然有 4 个回波体(未在图中标示)。和龙卷风发生前相比，回波体 3 的最大强度已经达到 50 dBz，30 dBz 的高度明显抬升。龙卷风发生在回波体 3 中。龙卷风发生后期(彩图 3.26c)和龙卷风发生初期的回波形态基本一致。龙卷风消亡之后(彩图 3.26d)，回波体 3 的强度明显减弱，而且回波体 3 和回波体 2 基本连接在一起，构成一个回波体。

3.5.3.5　γ 中尺度分析

近几年气象部门布设了一些中尺度观测网，包括单要素和多要素的观测网络，有的中尺度观测网已经达到 γ 中尺度状况，为中尺度灾害天气的监测、分析提供了较密的探测数据，从中可以提取更多的中尺度信息，得到更为有用的结果。灾害天气国家重点实验室在淮河流域中尺度观测与应用试验基地安装了中尺度集成显示平台 RAFS 系统。图 3.27 为根据安徽省及周边地区的地面中尺度观测网络的探测信息，进行内插得到的，由 RAFS 系统提供的气压和风的中尺度分布场。该场的空间分辨率为 5～8 km。图中黑色圈点为龙卷风发生处。由图可知，在 7 月 23 日 10 时，在安徽淮河以北、河南东南和湖北东北地区为 1000 hPa 的低压区，气旋中心在龙卷风的左侧附近；11 时该低压范围有所缩小，在气旋中心的东侧和南侧风力较大；13 时图中所示的圆形区域构成了完整的气旋，而 10 时和 11 时形成如此庞大的气旋；龙卷风发生地气压迅速降低，998 hPa 的低压中心正好包围了龙卷风出现地区；15 时气旋环流有所北抬。由此可见，在中尺度风场中，龙卷风发生在地面完整的中尺度气旋中，换句话说，地面 β 中尺度气旋是龙卷风发生的环境背景场，它为龙卷风强对流天气提供了很好的上升环流背景。

图 3.28 为距离龙卷风发生地最近的中尺度观测网中 7 月 23 日王截流站逐时极大风速。王截流站距离龙卷风发生处不足 10 km，仅有 8～9 km，因此，它的风速、气温变化最能反映出龙卷风发生地的变化特征。图中某个时间所对应的数据为前 1 个小时的观测数据，如 14 时的数据为 13—14 时所得到的数据。由图可知，在 7 月 23 日 09—12 时，王截流站的极大风速在 2～3.4 m/s 之间变化，13 时其风速突然增加到 8 m/s，14 时更是增加到 17.2 m/s，15 时则降到 8.4 m/s，此后有 2 个时次的极大风速超过 10 m/s，18 时之后极大风速才逐步降低。王截流站的逐时平均气温在 12 时之前一直增加，到 13 时开始降低，其日变化特征较为明显，但是 14 时的平均气温要比 15 时低。根据逐时极大风速和平均气温变化的分析，据此都可以大体判定，龙卷风发生时间在 13—14 时，与雷达探测得到的龙卷风时间基本吻合，而更为确切的龙卷风时间需要雷达探测数据和肉眼观测加以确定。

3.5.3.6　L 波段探空雷达分析

为了提高高空大气探测数据的准确度，我国从 2002 年 1 月开始推广使用 L 波段探空雷达

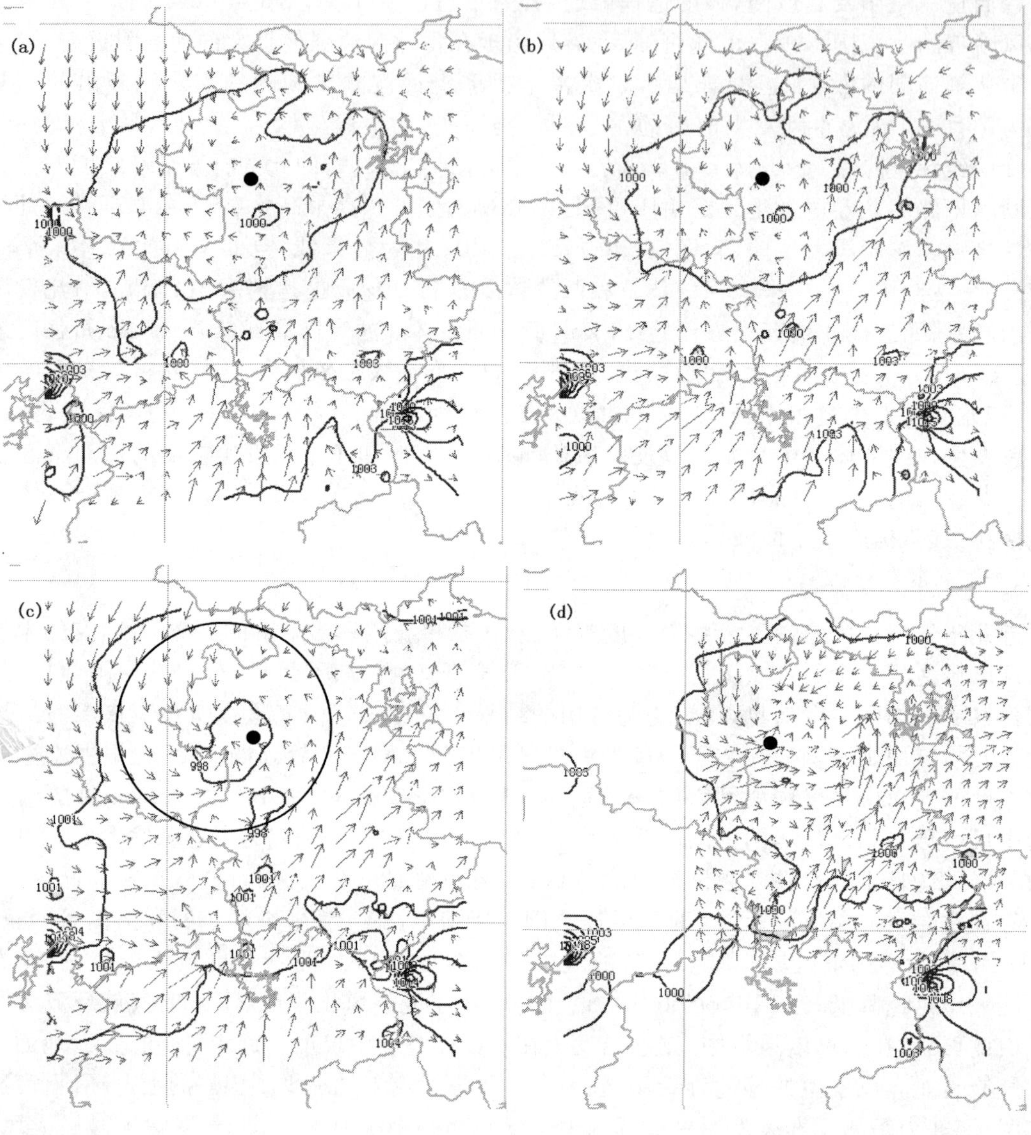

图 3.27　2008 年 7 月 23 日气压、风的分布

(a:10 时;b:11 时;c:13 时;d:15 时)

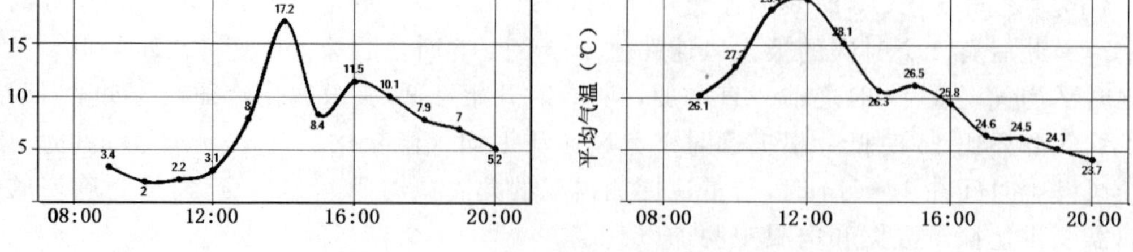

图 3.28　2008 年 7 月 23 日王截流站逐时极大风速和平均气温

探测系统，其数据采集率、准确度和系统自动化程度及可靠性都有显著提高[20]。L波段探空雷达是我国新一代二次测风雷达，实现了二次测风雷达的全自动化，它与GTS1型数字式电子探空仪相配合，能连续自动测定高空的风向、风速、气温、气压、湿度等5个气象要素，具有高分辨率和实时采集能力，其垂直分层最密可以达每升高7 m获取一组数据，并具有从地面开始就可以获取资料的特点[21]。据研究，L波段雷达－GTS1电子探空仪系统与“59－701”系统1个月的同步观测资料分析评估的结果表明，使用L波段雷达系统后，温度、高度、风向、风速的平均值未产生跳变，对流层上层湿度离散性小，准确率有明显的改善；在温度较低的对流层上层，59型探空仪测定的相对湿度偏高，GTS1型电子探空仪测定的湿度数据更接近国际上比较先进的探空仪[22]。

目前L波段探空雷达只在每天的08时、20时(北京时)进行探测。分析了7月22－24日逐日两次的郑州、徐州、南京L波段探空雷达气温垂直廓线，发现只有徐州7月23日20时的气温垂直分布具有逆温现象，其他都是气温随高度的抬升而降低的规律。图3.29为徐州L波段探空雷达7月23日08时所探测的气温垂直廓线分布。由图可知，地面气温为24.2℃。自地面开始，气温的变化呈现迅速降低的态势，到了500 hPa高度时气温已经降到－2.7℃。在920～907 hPa之间气温略有增加(0.1～0.2℃)，在725～720 hPa之间气温也略有增加(0.1～0.2℃)，且有两段非常微弱的逆温存在。总体来看，气温随高度的增加而降低的现象很显著。地面与500 hPa之间的温差达到26.9℃。这一结果与文献[23]的研究结论一致，再一次验证了高低空温差大是引发龙卷风的条件之一。同时由徐州L波段探空雷达探测数据表明，7月23日08时所探测的相对湿度在500 hPa以下的高度介于89%～97%。低层湿度非常大，充足的水汽有利于龙卷风母云的维持和强对流天气的发生发展。

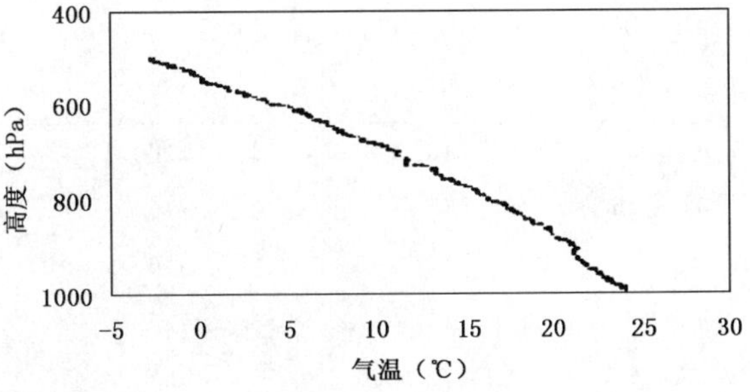

图3.29　2008年7月23日08时徐州L波段探空雷达的气温垂直廓线

3.6　强对流天气的触发机制分析

3.6.1　冰雹和雷雨大风触发机制分类

3.6.1.1　地形抬升、热力抬升作用

统计资料发现，黄山光明顶、九华山的强对流天气出现机会远远高于周围其他丘陵、平原站点。黄山、九华山海拔高度超过1300 m，为皖南典型的山区地形。山区的天气变化多端，阴晴变化快，经常具备充足的水汽条件，加之地形的抬升作用，白天特别是午后山顶为热力上升区，形成一个局地热力对流区，极易造成强对流天气。因此，地形抬升作用、热力抬升作用是山

区非常明显的强对流天气的触发机制[24]。

3.6.1.2 湿度条件

湿度条件可以用相对湿度、比湿、温度露点差等来衡量，为了和文献[25]进行比较，此处用温度露点差作为湿度的指标。温度露点差越大，表示湿度越小；温度露点差越小，表示湿度越大；当温度露点差近于0℃时，表示空气达到近似饱和状态。表3.12为1000 hPa、850 hPa和700 hPa三个层次不同等级温度露点差的天数、比例及其平均值，表头温度露点差的单位为℃，比例为%。平均是指各站三个层次强对流天气日的平均值，所有平均是指1994—2003年4－8月份的逐日平均值。从表中可看出，徐州和阜阳1000 hPa、850 hPa、700 hPa三个层次都是以≤2℃所占比例最大；安庆和南京1000 hPa都是以≤2℃所占比例最大，850 hPa、700 hPa两个层次主要以2～4℃所占比例最大。因此，说明强对流天气期间，安徽北部地区的各层湿度较大；南部地区的各层湿度稍大，反映出强对流天气发生时所要求的湿度比较大。从平均值来看，温度露点差仅有累年所有平均值的1/3～1/2，也说明强对流发生时的湿度远高于多年逐日平均湿度。

表3.12 不同等级温度露点差的天数、比例及其平均值

站点	层次(hPa)	≤2		(2,4]		(4,6]		(6,8]		>8		平均(℃)	所有平均(℃)
		天数	比例	天数	比例	天数	比例	天数	比例	天数	比例		
徐州	1000	11	34.4	6	18.8	8	25.0	2	6.2	5	15.6	2.9	6.1
	850	9	28.1	9	28.1	7	21.9			7	21.9	5.7	8.7
	700	9	28.1	5	15.6	10	31.2	5	15.6	3	9.4	4.5	11.1
阜阳	1000	11	42.3	6	23.1	6	23.1	2	7.7	1	3.8	1.8	4.9
	850	9	34.6	6	23.1	5	19.2	2	7.7	4	15.4	3.6	7.4
	700	10	38.5	6	23.1	6	23.1	2	7.7	2	7.7	3.5	9.3
安庆	1000	14	32.6	14	32.6	13	30.2	1	2.3	1	2.3	2.7	4.5
	850	7	16.3	16	37.2	17	39.5	2	4.6	1	2.3	3.7	7.4
	700	6	14.0	18	41.9	14	32.6	2	4.6	3	7.0	3.2	11.2
南京	1000	13	32.5	7	17.5	13	32.5	3	7.5	4	10.0	2.6	4.3
	850	8	20.0	14	35.0	8	20.0	5	12.5	5	12.5	4.1	5.8
	700	6	15.0	16	40.0	9	22.5	2	5.0	7	17.5	4.4	8.0

3.6.1.3 逆温条件

逆温可以用温度、假相当位温等随高度的变化来表示，此处采用假相当位温来说明。表3.13为累年4－8月份徐州、阜阳、安庆和南京各个级别逆温的日数及其所占比例。由表可知，徐州、阜阳小于1 ℃/100 hPa的日数最多，其次为1～3 ℃/100 hPa的日数；大于3 ℃/100 hPa的日数最少，所以逆温强度以1 ℃/100 hPa的日数频数最大。安庆和南京小于1 ℃/100 hPa的日数最少，大于1 ℃/100 hPa的日数较多。以上结果反映了南部地区的逆温强度高于北部地区。从各站逆温日期数所占比例来看，南部地区的比例低于北部地区。所以，北部地区强对流天气期间，尽管发生逆温现象的机会比南部地区多，但是所对应的逆温弱。

表3.13　累年4—8月份安徽各个级别(℃/100 hPa)逆温的日数及其比例

站点	≤1	(1,3]	>3	合计日数	所占比例(%)
徐州	8	5	1	14	43.8
阜阳	6	4	3	13	50.0
安庆	2	3	3	8	18.6
南京	3	6	7	16	39.0

3.6.1.4　辐合和雾

低空和地面处于辐合状态，高空处于辐散状态，极易造成空气的上下对流，形成强对流天气。在进行辐合情况的统计时，把辐合分为地面低压、地面辐合线、低空切变线、低空槽线等类型。低空采用850 hPa图上的相关系统。这里把1995—2003年分为两个时段，即1995—1999年、2000—2003年。1995—1999年共出现强对流天气64 d，地面辐合线或地面低压21 d，比例达到32.8%；2000—2003年共出现强对流天气52 d，出现地面辐合线或地面低压8 d，切变线或槽线32 d，有切变线或槽线并同时有地面辐合线或地面低压10 d，共计有50 d，比例达到96.2%。因此可以说，绝大多数的强对流天气伴随着地面附近辐合现象的存在。

春夏季节的上午，在雾弥漫之处，由于雾区与其周围所受的日射不均，往往造成较大的温差。周围地区温度较高，在适宜的条件下，雾区四周会发生强对流天气。经过统计，累年4—8月份各站强对流天气日期及其所占比例见表3.14。由表可见，除阜阳的所占比例较小外，其余3站所占比例在10%左右。4站所有雾日占总统计次数的比例为9.1%，因此雾也是一种产生强对流天气的因子之一。

表3.14　累年4—8月份安徽各站雾日及其比例

站点	雾日	统计次数	雾日所占比例(%)
徐州	3	29	10.3
阜阳	1	28	3.6
安庆	5	45	11.1
南京	4	41	9.8

3.6.1.5　强对流天气触发机制的比较

冰雹、雷雨大风和强降水在雷达回波、卫星云图、天气环境条件等方面都存在明显差异[26,27]，因此对短时强降水与冰雹、雷暴大风的触发机制分类进行比较。文献[18]中进行了短时强降水的触发机制分类，此处进行冰雹、雷暴大风的触发机制分析。文献[18]中没有涉及地形和热力因素，因此，地形抬升、热力抬升作用不便于比较。从湿度条件来看，短时强降水的湿度比冰雹、雷暴大风的湿度要大，说明发生短时强降水需要更为充足的水汽条件。从逆温条件来看，短时强降水期间大约96%的比例出现逆温，而冰雹、雷暴大风期间大约40%的比例出现逆温，因此，逆温现象几乎与短时强降水相伴而生，而冰雹、雷暴大风发生时只有2/5几率伴随逆温现象。从雾的条件来看，短时强降水期间大约16%的比例出现雾，而冰雹、雷暴大风期间大约9%的比例出现雾，说明短时强降水期间出现雾的几率略高。从地面辐合条件来看，在不考虑近地面层时，短时强降水的地面辐合占统计次数的比例为60%，而冰雹、雷暴大风期间大约33%的比例出现地面辐合，即短时强降水期间出现地面辐合的几率高出很多。

3.6.2 冰雹和雷雨大风触发机制比较

地形抬升、热力抬升作用是山区非常明显的强对流天气的触发机制；强对流发生时的湿度远低于多年逐日平均湿度；有30%～40%的强对流天气期间出现逆温；北部地区强对流天气期间，尽管发生逆温现象的机会比南部地区多，但是所对应的逆温弱；绝大多数的强对流天气伴随着地面附近辐合现象的存在；雾也是一种产生强对流天气的因子之一；连续出现 *SRH* 较大值时发生冰雹的概率加大；强对流天气发生时的螺旋度比其前后12 h以内的螺旋度要大。

参考文献

[1] 安徽省气象局资料室. 安徽气候. 安徽科学技术出版社，1982.

[2] 寿绍文，励申申，王善华等. 天气学分析. 北京：气象出版社，2002：141-142.

[3] 刘勇，徐敏，朱红芳等. 安徽梅雨年际变化特征研究. 气象科学，2004，**24**(4)：488-493.

[4] 郭虎，张蔷等. NLDN及其在地闪风暴监测中的应用举例//许小峰，郭虎等. 国外雷电监测和预报研究. 北京：气象出版社，2003.

[5] 钟幼军，曹铁英，宫延平等. 黑龙江省雷电活动气候特征分析. 自然灾害学报，2007，**16**(5)：79-83.

[6] 陈隆勋，朱乾根，罗会邦等. 东亚季风. 北京：气象出版社，1991：62-75.

[7] 王笑芳，丁一汇. 北京地区强对流天气短时预报方法的研究. 大气科学，1994，**18**(2)：173-183.

[8] 周后福，邱明燕，张爱民等. 基于稳定度和能量指标作强对流天气的短时预报指标分析. 2006，**25**(4)：716-722.

[9] 陈晓红，郝莹，周后福等. 一次罕见冰雹天气过程的对流参数分析. 气象科学，2007，**27**(3)：335-341.

[10] 安徽省气象局. 灾害性天气分析与预报. 合肥：安徽科学技术出版社，1989.

[11] 毛连海，刘志雄，郭达烽. 4月9—13日连续暴雨和强对流天气过程成因分析和MRM2等模式预报性能检验. 江西气象科技，2003，**26**(3)：17-19.

[12] 郑媛媛，俞小鼎，方翀等. 2003年7月8日安徽系列龙卷的新一代天气雷达分析. 气象，**30**(1)：38-45.

[13] OTB/OSF/NWS：WSR288D Operations Course. 1996：600.

[14] Browning K A，Foote G B，Airflow and hail growth in supercell storms and some implication for hail suppression，*Quart. J. R. Met. Soc.*，1976，**102**：499-533.

[15] Wilson J W. Tornadogenesis by nonprecipitation induced wind shear lines. *Mon. Wea. Rev.* 1986，**114**：270-284.

[16] Witt A，and Co-authors. An enhanced hail detection algorithm for the WSR-88D，*Wea. and Forecasting*，1998，**13**：286-303.

[17] Brown R A，Lemon L R，Burgess D W. Tornado detection by pulsed Doppler radar. *Mon. Wea. Rev.*，1978，**106**：29-38.

[18] 张志强，刘黎平，谢明元等. CINRAD三维拼图产品显示系统. 气象，2007，**33**(9)：19-24.

[19] 张培昌，杜秉玉，戴铁丕. 雷达气象学. 北京：气象出版社，2002：420.

[20] 姚雯，马颖，徐文静. L波段电子探空仪相对湿度误差研究及其应用. 应用气象学报，2008，**19**(3)：356-361.

[21] 马力，张银廷. L波段探空GFE(L)1型二次测风雷达资料在重庆大气边界层特征分析中的应用. 气象科技，2008，**36**(1)：105-107.

[22] 张立功，陈志斌，王勇等. L波段雷达—电子探空仪系统对比观测分析. 气象科技，2007，**35**(1)：123-125.

[23] 刘宁微，马雁军，刘晓梅等. 辽宁省“05－6”龙卷风过程的诊断与数值模拟. 自然灾害学报，2007，**16**(5)：84-90.

[24] 周后福，陈晓红，钱玉萍. 安徽省强对流天气触发机制分类及其螺旋度分析 . 气象与减灾，2006，(1)：9-13.

[25] 周后福，金高松，钱玉萍. 皖江西部短时强降水天气的时间分布和触发机制分析. 气象与减灾，2005，(3)：11-13.

[26] 王令，康玉霞，焦热光等. 北京地区强对流天气雷达回波特征. 气象，2004，**30**(7)：31-35.

[27] 崔新建，武建华，张红卫. 暴雨和强对流天气的综合分析和预报. 河南气象，2000(3)：17-18.

第4章 强对流天气的数值模拟

长期以来，由于强对流天气所伴随的冰雹、暴雨以及局地瞬时大风的强危害性，使得强对流天气一直成为研究的热点问题。然而由于强对流天气形成因素的复杂性，至今人们对强对流天气的认识和预报能力仍然十分有限，因此，对强对流天气展开深入研究是当前的重要课题之一。多年来，对于强对流天气的诊断分析已经取得了极为丰富的研究成果，这些成果为继续深入研究强对流天气打下了相当好的工作基础。可是由于强对流天气属于灾害性天气，对局地往往会造成较大的破坏性，因此，对其进行预警预报则成为未来强对流天气的重要发展方向。而对强对流天气实施预警预报，数值预报模式的模拟、分析和应用则成为其主导工具。应该说，数值预报模式是天气现象和要素产品模拟和预报的主流工具，利用数值模式输出的定时、定点资料，进行强对流天气的模拟与分析，以及做出强对流天气的预警产品，是一项很有意义、值得推广的工作[1]。

4.1 强对流天气的数值模拟概述

强对流天气的数值模拟是一个复杂的科学问题，它涉及许多技术难点，其中主要问题之一是对强风暴动力学的定量了解和研究还不多。一方面是由于积云动力学有高度的非线性特征，另一方面是因为存在着各种尺度运动的强烈相互作用。即不但要考虑中尺度动力学和大尺度环境条件，还必须考虑各种微物理结构的观测结果，这些详细的中尺度观测资料是设计和试验动力学理论和数值模式不可或缺的[2]。

强对流风暴天气的数值模拟研究起步于20世纪60年代，经历一维时变模式、二维滞弹模式、三维滞弹模式、三维弹性模式[3]。Srivastawa在一个一维不完全云模式中，研究了由云底雨滴的蒸发冷却和降水拖曳引起的下沉气流；他发现当下沉气流下降到一个深厚的近于干绝热递减率的气层中会变得更加强烈；这样的直减率可使非常弱的降水引起强烈的下沉气流。对于稳定层结，强的降水才能引起强的下沉气流[4]。Fei Shiqiang等利用中小尺度的数值模式ARPS成功地模拟出一次强风暴过程[5]。

国内比较早地开展此项工作的学者有刘玉宝、周秀骥等，刘峰运用WRF模式模拟2007年广州白云机场附近的一次强对流天气，认为此次天气过程发生于高低空系统有利配置、季风涌活跃时的华南地区具有充足水汽和不稳定条件的环境中，热力、地形和锋面抬升作用促使冰雹等强对流天气生成和发展[6]。何宏让等采用RAMS模式建立了强对流天气的β中尺度数值模拟试验[7]。隋东等模拟沈阳地区一次冰雹天气过程，得出强对流天气的触发机制，为冰雹预报提供了有应用价值的思路和方法[8]。席世平利用MM5模式模拟河南省大范围的强对流天气过程时发现，太行山南麓和熊耳山东侧都会由于地形的动力和热力作用不同造成局地环流的存在[9]；张强等基于 MM5 的 4 层嵌套方案，模拟西北地区冰雹发生时的温度、垂直速度、水汽输送等要素的变化，分析冰雹产生和增长的微物理过程，基于英国气象局发展的行星边界层模式进行一系列理想实验，以揭示复杂地形对冰雹云的触发机制[10]。该类研究中比较多的则是采用中尺度模式 MM5 进行强对流天气的数值模拟[9,10,11]。

近年来，随着计算机技术的不断发展，中尺度大气数值模拟和模式系统的迅速完善，以及人们开始把大气动力学过程和微物理过程密切地结合起来，对于强风暴及其产生的天气背景与形成机理的认识有了很大的提高，数值模拟的方法逐渐成为分析和研究强对流天气不可或缺的重要技术手段。数值模拟手段是认识天气系统结构、再现天气物理过程的一种有效手段。其可以验证新的观点和概念，对认识事件本质有很大帮助。数学方法和计算手段对天气预报技术发展起了极大的促进作用，但气象终究是一个物理问题，从物理实质理解和应用大气参数，研究对流天气系统和对流发展过程中一些敏感问题，对认清问题的实质至关重要。由于对流天气系统的复杂性及其在天气预报中的重要性，观测、诊断、模拟技术相关理论仍在不断丰富和发展，强对流天气的分析诊断、模拟预报及对新概念的认识也是一个永恒的课题[12]。

4.2 短时强降水的 MM5 模式模拟

在本书几个章节中都有强对流天气的 MM5 数值模拟工作，此处只给出 2006 年 4 月发生在安徽的一次强对流天气过程的模式模拟情况，重点描述短时强降水的数值模拟工作。具体叙述如下。

2006 年 4 月 3—4 日，冷暖空气在安徽省交汇，全省自北向南出现了雷雨、大风、冰雹和降温天气，强降水主要集中在沿淮到江淮之间北部和江南北部，沿江江北大多降温达 8～10℃。4 月 3 日 8 时—4 日 7 时，5 个市县出现 8 级以上大风，最大风速 25.8 m/s(阜南)；15 个市县的部分乡镇出现冰雹，蒙城坛城镇出现最大直径 50 mm 的冰雹；6 个市县出现暴雨，定远降水 65.6 mm 和长丰史院降水 79.9 mm。根据安徽省高密度雨量站 4 月 3 日 08 时—4 日 07 时的降水分布图可见，降水在沿淮淮北较为集中，合肥、芜湖、滁州附近降水站点相对稀疏，大别山区降水站点更为稀疏，江南基本没有降水。

4 月上旬安徽地区出现暴雨过程的天气现象较为少见，本次强对流天气出现了最高近 80 mm 的强降水，为此本节对此进行数值模拟分析。图 4.1 给出了 4 月 3 日 02 时—5 日 08 时每隔 6 h 的降水实况及其模拟图。实况及模拟图给出降水色斑图，其边界线分别为 1、10、25、50、100、150、200 和 250 mm。由图可以清晰地看出，实况降水表现了雨带发生、发展、减弱直至消亡过程，同时表现雨带有明显的南移现象。模拟降水和实况降水的对应关系非常好，对于雨带自北向南的移动和增减变化，模拟降水都可以较为清楚地展现出来，但是模拟降水比实况值略大。

图 4.1a(4 月 3 日 02—08 时)显示，实况沿黄地区有零星降水，分成 2 块降水，6 h 降水不足 10 mm；图 4.1b 显示也有 2 块降水，且有较好的雨带对应关系，但是左块模拟降水的量级偏大，最大降水超过 25 mm。图 4.1c(4 月 3 日 08—14 时)表明实况降水的范围明显增大，已经开始影响安徽省最北端，且雨带不连续；图 4.1d 也可以看出模拟降水成为一个明显的带状结构，雨带主体位置的纬度与实况基本相当，模拟的降水依然偏大。图 4.1e(4 月 3 日 14—20

时）显示实况降水的范围比前 6 个小时要大，雨带有南移的倾向，降水主要在淮北北部，而且降水强度也明显增加；图 4.1f 则表明，模拟的 6 h 降水雨带分布在淮河以北地区，模拟降水强度比实况的范围要大，雨强也大，而且在沿江地区、大别山区也出现小范围降水。4 月 3 日 20 时—4 月 4 日 02 时的实况降水（图 4.1g）表明，降水雨带继续南移，降水范围也有所增加，雨带主要在江淮之间中部的以北地区；同期的模拟降水（图 4.1h）显示，雨带也基本在江淮中部以北地区，但是强度要比实况大。4 月 4 日 02—08 时的实况降水（图 4.1i）表明，降水雨带持续南移，雨带处在淮北中部到沿江地区；同期的模拟降水（图 4.1j）则显示，雨带也基本在沿江以北地区，但是主雨带略偏北，强度要比实况小。4 月 4 日 08—14 时的实况降水（图 4.1k）表明，降水雨带继续南移，主雨带移到沿淮到江淮中部地区；同期的模拟降水（图 4.1l）显示，雨带南移的速度非常快，主要在沿江地区，和实况雨带大体相当，略偏南。4 月 4 日 14—20 时的实况降水（图 4.1m）表明，降水雨区比上一个 6 h 时段增大很多，主雨带在沿江地区，雨带较为零散；同期的模拟降水（图 4.1n）显示，雨区范围没有实况大，主雨带比实况偏南，中心在江南南部。4 月 4 日 20 时—4 月 5 日 02 时的实况降水（图 4.1o）表明，降水雨带继续南移，主要在沿江江南；同期的模拟降水（图 4.1p）显示，主雨带在江南地区，比实况范围要大。4 月 4 日 02—08 时的实况降水（图 4.1q）表明，降水雨带继续南移，安徽只有零星降水，雨区基本消失；同期的模拟降水（图 4.1r）显示，同上一个 6 h 时段相比，雨带南移的速度非常快，只在江南南部出现较小降水。对于本次强对流天气降水过程的描述表明，MM5 模式大体可以拟合降水范围大小和移动方向，而对于降水量级的模拟则偏小。

以上分析表明，对于雨带的发展过程和移动现象，模拟降水与实况基本吻合，展现 MM5 模式在降水方面的优越性；在降水的量级方面，模拟降水多数要比实况偏大，有时也会出现偏小的情况[13]。

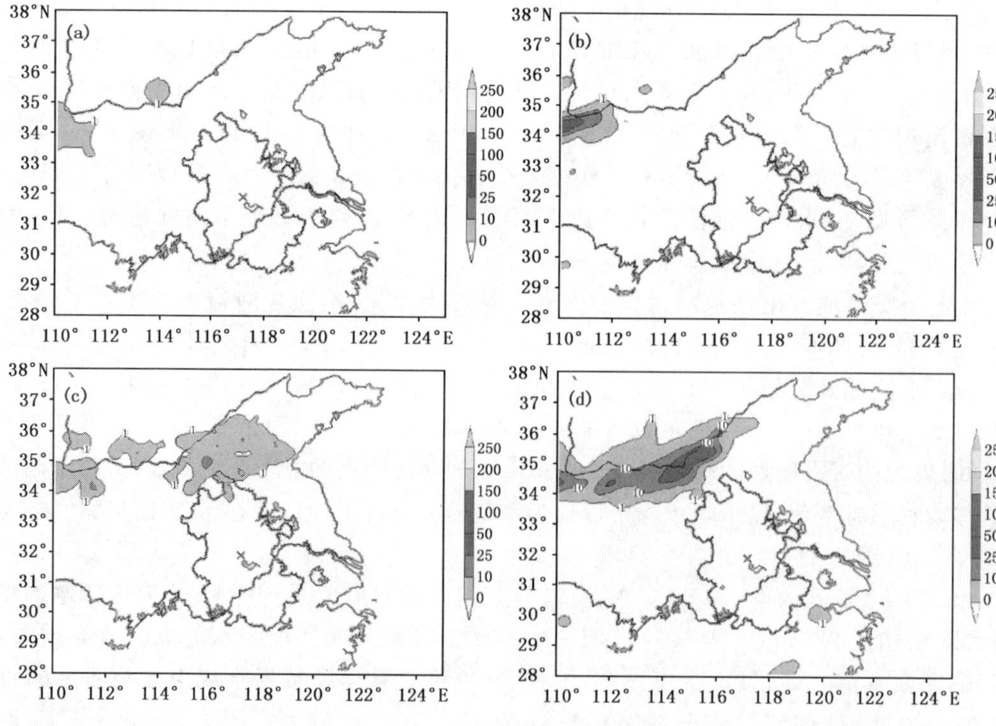

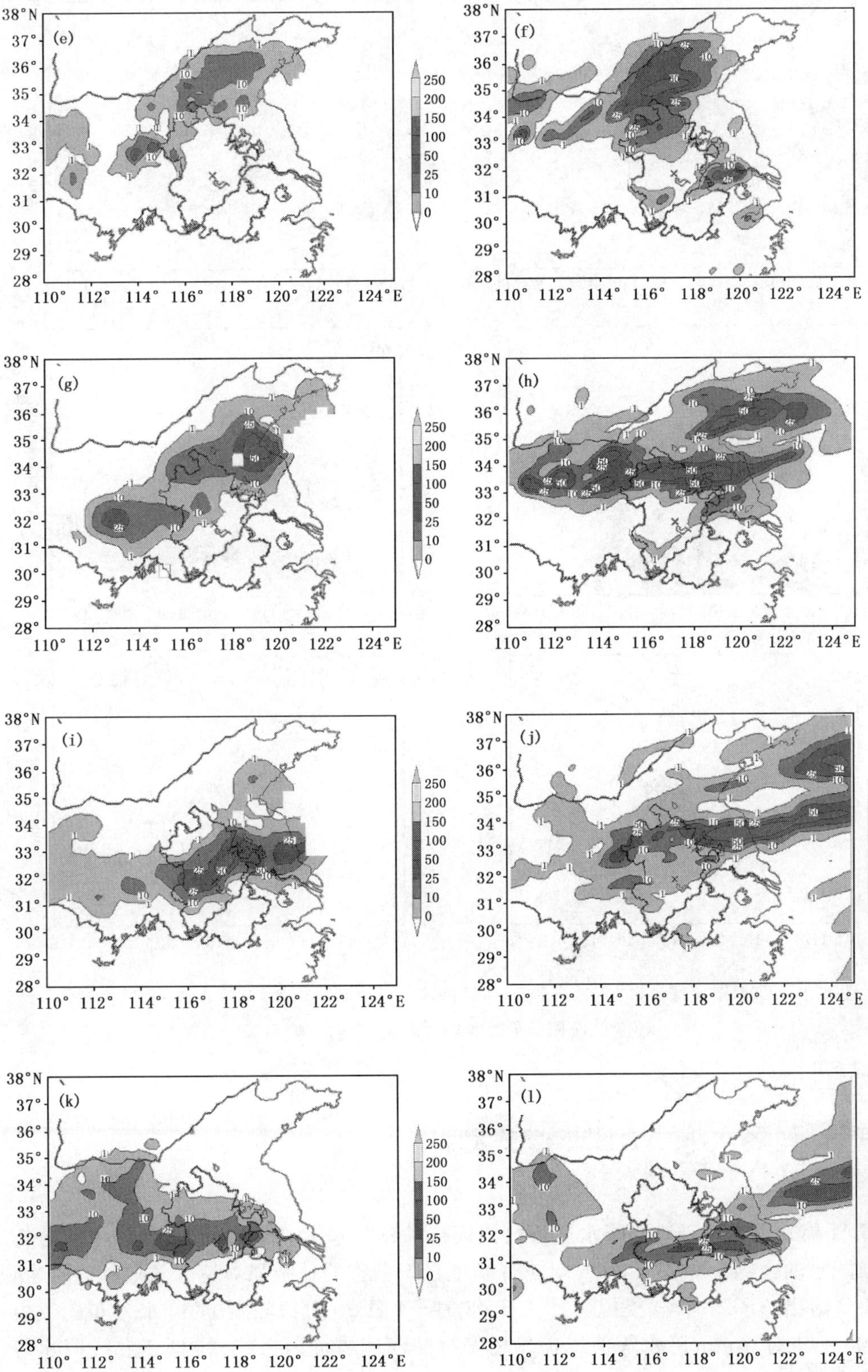
(e)
(f)
(g)
(h)
(i)
(j)
(k)
(l)
38°N
37°
36°
35°
34°
33°
32°
31°
30°
29°
28°
110° 112° 114° 116° 118° 120° 122° 124°E
250
200
150
100
50
25
10
0

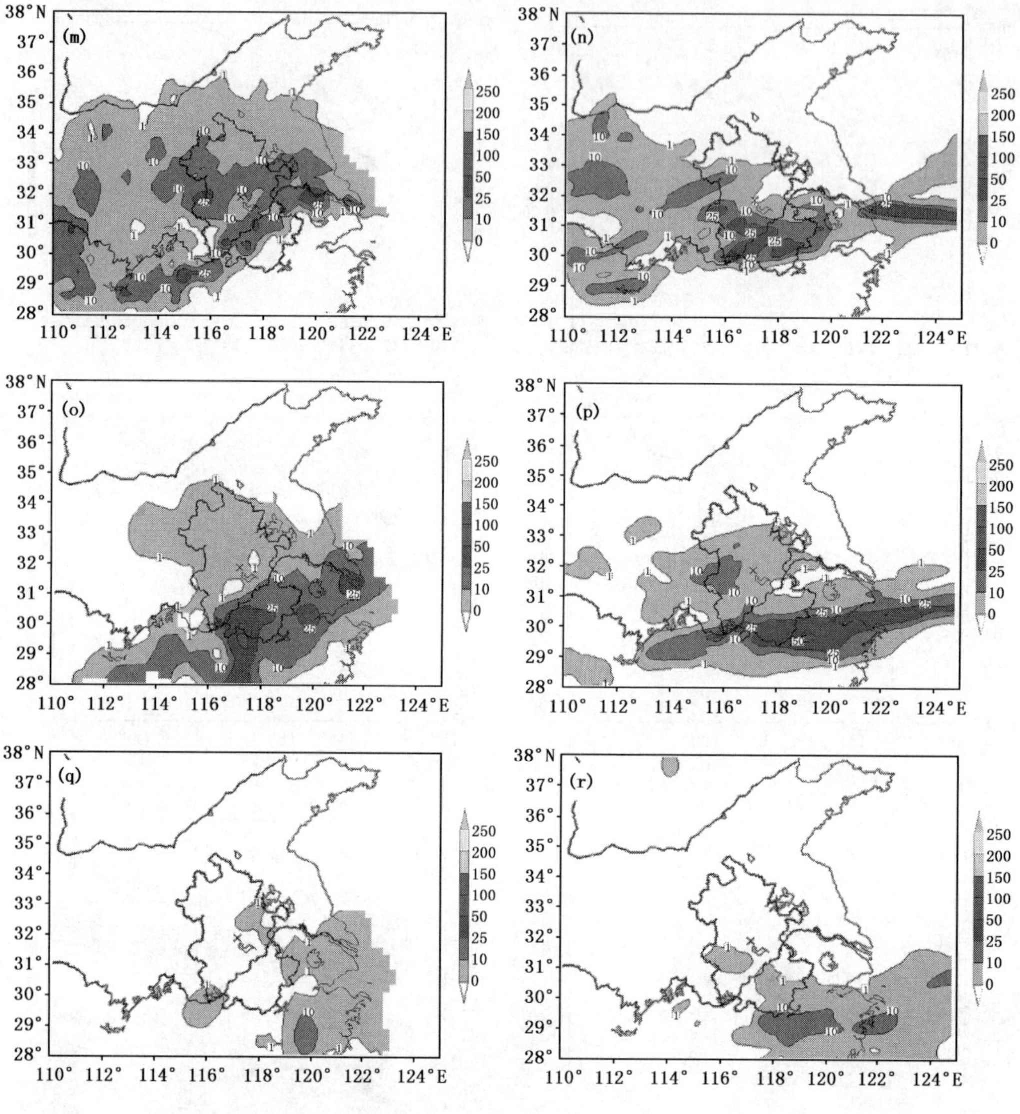

图 4.1 2006 年 4 月 3 日 02 时—5 日 08 时每隔 6 h 的实况降水(单位:mm)及其模拟图
(左侧：实况图;右侧：模拟图)

4.3 短时强降水的 AREM 模式模拟

AREM 模式重点在于对强降水进行数值模拟,因此,基于 AREM 模式模拟主要分析其模拟短时强降水的个例。本节以 2006 年 4 月发生在安徽省的一个强对流天气过程为例来说明。

图 4.2 给出 AREM 模式模拟 4 月 3 日 08 时—4 日 20 时每隔 6h 的降水分布图。由图可知,3 日 08—14 时 5 mm 降水等值线在靠近安徽的河南省境内;14—20 时 5 mm 降水等值线在淮北的北部;3 日 20 时—4 日 02 时的 5 mm 降水等值线延伸到淮河以北,而且在沿江西部

出现小范围的降水；4 日 02—08 时降水范围继续扩大，江淮之间东部地区出现降水；4 日 08—14 时基本在长江以北地区；4 日 14—20 时降水范围略有缩小。降水有明显的南移倾向，和实况大体相近[11]。

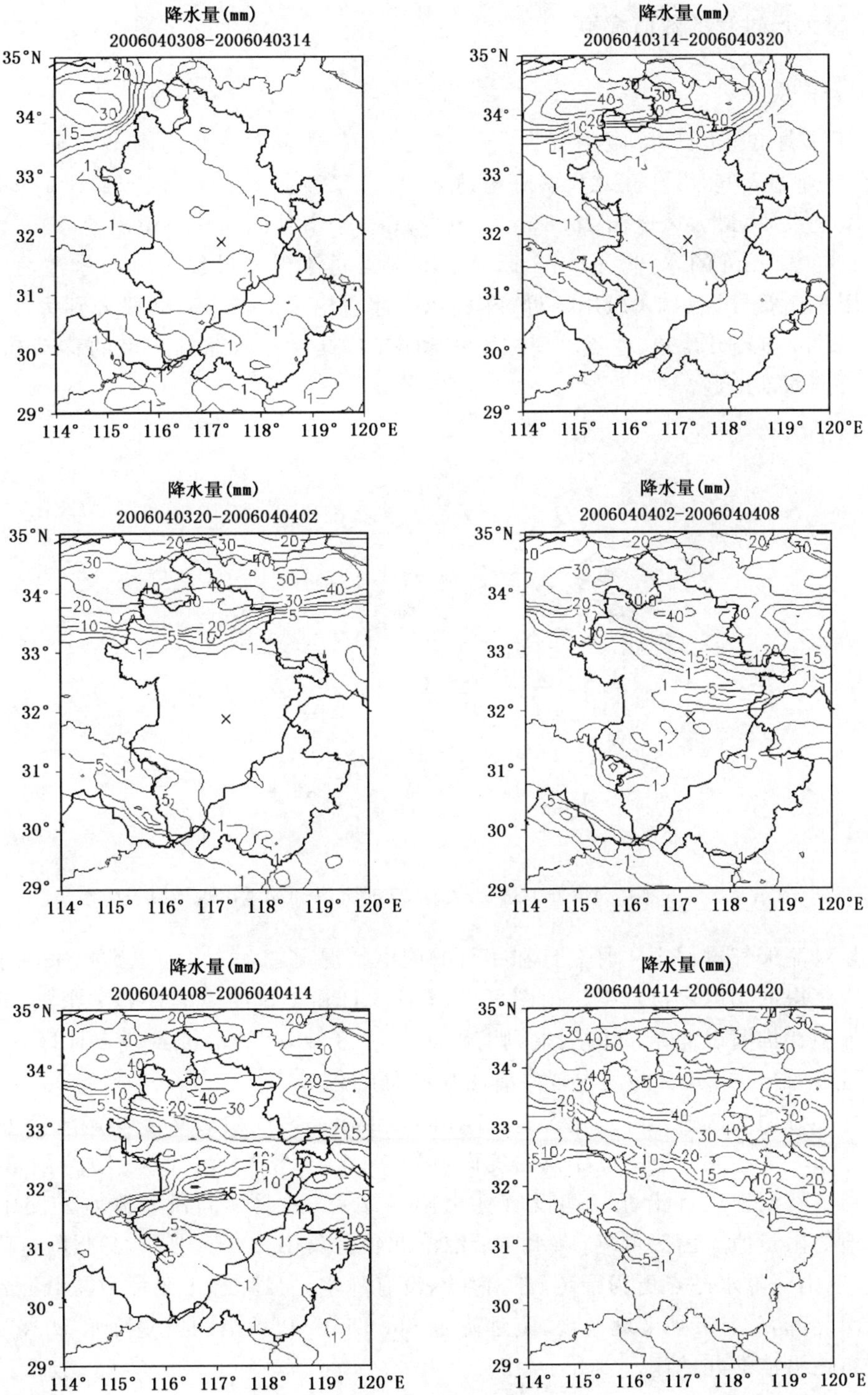

图 4.2　2006 年 4 月 3 日 08 时—4 日 20 时每 6 h AREM 模式的模拟结果

4.4　强对流天气微物理量的 MM5 模式模拟

4.4.1　冰雹大风过程的数值模拟

4.4.1.1　天气实况

2006 年 4 月 3—4 日，冷暖空气在安徽省交汇，安徽全省自北向南出现了雷雨、大风、冰雹、强降水和降温天气，沿江江北大多降温达 8～10℃。4 月 3 日 08 时—4 日 07 时，5 个市县出现 8 级以上大风，最大风速为 25.8 m/s(阜南)；15 个市县的部分乡镇出现冰雹，蒙城坛城镇出现最大直径 50 mm 的冰雹。图 4.3 标示了本次强对流天气过程大风和冰雹发生的主要地点。冰雹用三角符号标示，大风用字母“F”标示。冰雹出现的 2 个时间段分别为 3 日 15:30—23:30和 4 日 17:30—19:00，主要出现在下午和夜间，具有自西北到东南的移动趋势；大风主要集中在沿淮西部地区。

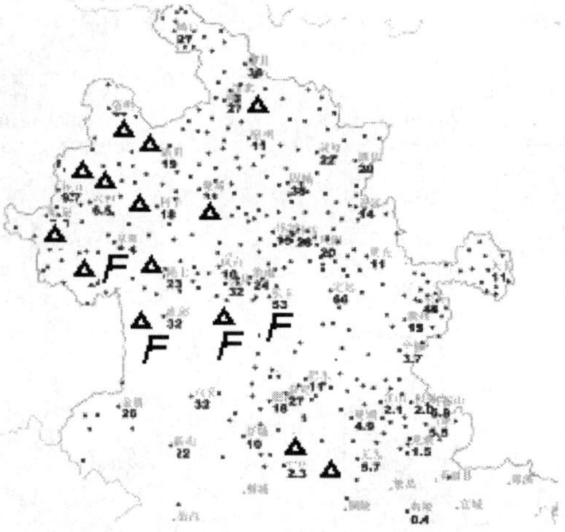

图 4.3　2006 年 4 月 3 日 08 时—4 日 07 时大风和冰雹出现地点及降水量

此次强对流天气过程中 4 月 3 日和 4 日的闪电情况见图 4.4。闪电数据来源于安徽省雷电定位仪所获得的闪电定位数据。由图可见，4 月 3 日和 4 日的闪电皆非常密集，其中 3 日的闪电主要集中在淮河以北；4 日的闪电则有 2 大集中区域，一为沿淮到皖东地区，一为沿江江南地区。可以看出，3—4 日的闪电现象有明显南移的趋势。

为了详细说明此次过程降水情况，图 4.3 同时给出高密度雨量站 4 月 3 日 08 时—4 日 07 时的降水分布。全省共有近 800 个高密度雨量站，每个县(市)大约有 6～10 个雨量站，分布相对均匀。图中皖西地区和沿江江南没有标出雨量站点，说明期间没有降水。图中仅给出县(市)所在地的雨量值。由图可见，降水在沿淮淮北较为集中，合肥、芜湖、滁州附近降水站点相对稀疏，大别山区降水站点更为稀疏，江南基本没有降水。强降水主要集中在沿淮到江淮之间北部和江南北部，6 个市县出现暴雨，定远降水 65.6 mm 和长丰的史院降水 79.9 mm。强降水主要分布在沿淮淮北地区。

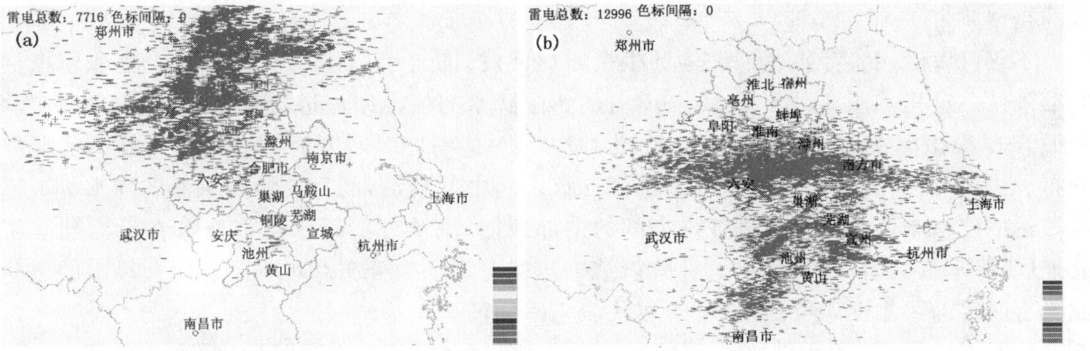

图 4.4　2006 年 4 月 3—4 日 24 h 闪电分布

(a:3 日;b:4 日)

4.4.1.2　雷达回波的模拟及其验证

采用 MM5 模式进行模拟，初始场为实况资料。为了验证模式模拟的雷达回波的准确性，采用与实际雷达回波进行比较。模式模拟的多为平面(等高面)结果，本项目的雷达回波是基于合肥新一代多普勒雷达的，所以为了尽可能地接近平面输出效果，一般利用最低仰角 0.5°的雷达探测数据。验证它们之间的相似性，一方面要检查回波分布的相似性，另一方面要检查是否具有类似的移动方向和移动趋势。

此次强对流天气过程自北向南涉及安徽全省范围，从 4 月 3—4 日的合肥实际雷达回波可以清楚地看出，回波也有明显自北到南的移动倾向。运用 MM5 模式输出每小时一次的模拟回波，由模拟的雷达回波可以看出，模拟的雷达回波也有类似移动情况，说明此时模拟出的雷达回波可以逼近实际雷达回波。彩图 4.5 给出 4 月 3 日 06 时的合肥多普勒雷达回波及其模拟情况，彩图 4.5b 中标出合肥、滁州、六安位置。彩图 4.5a 显示，06 时的实际雷达回波主要有两大区域，一个在沿淮到大别山地区，一个在江淮东部地区。沿淮到大别山地区的最强回波强度大约在 40 dBz，江淮东部地区的最强回波强度大约在 60 dBz，比西部地区的回波要强。模拟的雷达回波(彩图 4.5b)也大致分成两大区域，一个在大别山到合肥和合肥以西地区(最强回波强度约 40 dBz)，一个在安徽东部地区(最强回波强度约 50 dBz)，西部回波强度比东部回波强度要弱。模拟回波与实际回波的分布区域大致对应，其强度也是西弱东强，但是模拟的西部地区回波范围要比实况大。

为了反映模拟雷达回波的空间结构，彩图 4.6 给出模拟的雷达回波剖面图。图中 AB、CD 连线对应于彩图 4.5b 中的 AB 和 CD 线。由彩图 4.6a 可以看出，主要有 4 个连续的回波带，见图中的数据标示。只要有微物理量就有回波，所以回波带 1、回波带 4 和地面相连的部分中靠近地面的是降水。回波带 1 从地面一直延伸到 400 hPa 左右高度，最大的回波强度近 40 dBz；回波带 2 从 800 hPa 左右延伸到 350 hPa 高度附近，而且强度较弱；回波带 3 的范围最小，从 900 hPa 延伸到 650 hPa 左右的高度；回波带 4 从地面一直延伸到 350 hPa 的高度，最强的回波有 45 dBz。由彩图 4.6b 可以看出，依然有 4 个连续的回波带，见图中的数据标示。由彩图 4.6b 可知，回波带的高度由 1 到 4 大致上逐步增高，而且回波强度差别不大。回波带 1 的范围较大，中心强度约在 35 dBz 左右；回波带 2 从 900 hPa 延伸到 500 hPa 的高度；回波带 3 从地面一直延伸到 350 hPa 左右的高度；回波带 4 则从地面延伸到 300 hPa 的高度，出现降水的是回波带1、3、4。

不仅可以运用实际雷达回波验证模拟雷达回波，而且可以运用实际降水来验证模拟回波的准确性。这里采用4月4日05—06时的实际降水与模拟回波进行比较，从降水角度来验证4日06时模拟的雷达回波的可靠性。图4.7为4月4日05—06时高密度雨量站的实况降水分布。由图可见，降水主要发生在沿淮到江淮之间中部地区，而且在滁州东部的降水最大。模拟雷达回波基本分布在沿淮到江淮之间的中部地区，据此分析降水可能分布在沿淮到合肥以北地区，降水最大是在滁州市，这种分析结果与实况降水的分布基本一致。因此模拟的雷达回波具有一定的可靠性，某种程度上可以代表实际回波。

图4.7 2006年4月4日5—6时实际降水分布

4.4.1.3 微物理量的模拟分析

应用中尺度数值预报模式MM5可以模拟出微物理量，据此可以给出微物理量的分布。为了对微物理特征进行空间结构方面的探讨，选择如彩图4.5b所示的AB、CD连线进行垂直剖面分析，其微物理量特征剖面图见彩图4.8。彩图4.8中的蓝色线表示0℃层，蓝色数据代表冰晶，红色线代表雨水，绿色线代表云水，紫色线代表雪晶，黄色线代表霰，单位g/kg。冰晶的等值线间隔0.1 g/kg，其他微物理量的等值线都是0.2 g/kg；黑色底图代表比湿，单位也是g/kg。由彩图4.8a可知，4月4日06时模拟雷达回波的AB段剖面微物理量的形状同图4.6a的模拟雷达回波，两者非常相似。彩图4.8a给出了和彩图4.6a相对应的回波带数字。其0℃层在3.7 km左右，而在回波带4之处0℃层有所抬高，此处伴随有上升气流，约在4 km左右。

雨水有 4 处，每个回波带对应一处雨水，回波带 2 和回波带 3 的雨水没有接地，说明雨水没有降落到地面，应该是在下降过程中蒸发损耗了。回波带 4 的等值线较为密集，说明降落到地面的雨水较大，这种分析结果和彩图 4.6a 的分析情况一致。云水情况大约有 4 处，主要位于 4 km 以下，也以回波带 4 附近云水较为集中。雪晶位于 0℃层以上，对应于回波带 1、2、4，回波带 2 的雪晶浓度较低(最大值约 0.75 g/kg)，回波带 1、4 的雪晶浓度较高，超过 1.3g/kg。上升区主要在回波带 4 处，一直延伸到 8 km 附近。这种分析结果是和彩图 4.6b 相呼应的。

由彩图 4.8b 可知，4 月 4 日 06 时模拟雷达回波的 CD 段剖面微物理量的形状同彩图4.6b 的模拟雷达回波。彩图 4.8b 给出了和彩图 4.6b 相对应的回波带数字。其 0℃层在 3.3～3.8 km 变化。雨水有 4 处，每个回波带也对应一处雨水，回波带 2 的雨水没有接地，说明此处雨水没有降落到地面，同样主要是因为蒸发损耗的原因。云水情况显示，大约有 4 处和彩图 4.8a 不同在于其云水位置不仅出现在 4 km 以下，4 km 以上也有，说明此时过冷云水含量较高。云水以回波带 1、2 附近较为集中。雪晶位于 0℃层以上，对应于回波带 3、4，回波带 3 的雪晶浓度较低(最大值约 1.1 g/kg)，回波带 4 的雪晶浓度较高，达到 2.1 g/kg，范围也较大。气流上升区主要在回波带 1、2、3 处。就雨水情况，回波带 4 的等值线较为密集，说明降落到地面的雨水较大，这种分析结果和彩图 4.6b 的分析情况一致。

4.4.2　龙卷过程的数值模拟

4.4.2.1　天气实况

2007 年 7 月 3 日 16 时许，安徽省天长市秦栏镇观庵村、新华村和仁和集镇七柳村、桃园村以及江苏省高邮市的天山、菱塘、郭集三镇等地遭龙卷袭击，即在安徽天长和江苏高邮两省交界处遭遇较强龙卷袭击。本次龙卷过程因灾死亡 14 人，151 人受伤，转移安置 3318 人。受灾人口达 1 万多人，受灾农作物 140 hm^2，其中绝收 68 hm^2，倒塌损坏房屋 3000 多间，直接经济损失 2899 万元。该次强对流天气过程中出现较为密集的闪电现象。图 4.9 为 7 月 3 日全天和 16—17 时的闪电分布。由图 4.9a 可知，7 月 3 日全天闪电的分布非常密集，大致有 2 个集中区域，一个为江淮之间，一个为淮北地区，而以江淮之间特别集中。由图 4.9b 可知，7 月 3 日 16—17 时的闪电分布呈现条状形式，而以滁州市的闪电较为集中。

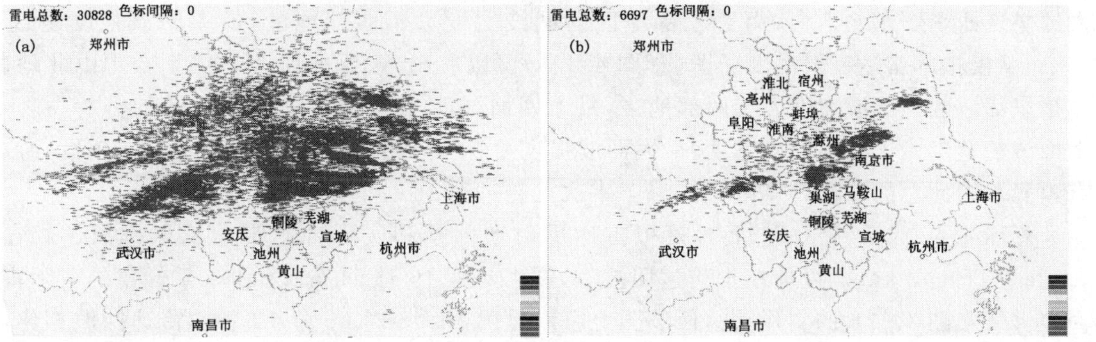

图 4.9　2007 年 7 月 3 日闪电分布(a：0—24 时；b：16—17 时)

本次龙卷过程的降水分布见图 4.10。由该图可知，7 月 3 日 16—17 时的降水零散地分布在合肥以北地区。沿淮淮北的降水多数不超过 1 mm，江淮之间金寨到滁州一线降水较大，其中金寨 20.9 mm、肥东 21.2 mm、滁州 28.7 mm,均超过 20 mm;滁州市 4 个县市均大于 3 mm,较强的降水主要在滁州地区。

图 4.10　2007 年 7 月 3 日 16—17 时降水分布

4.4.2.2　雷达回波的模拟及其验证

运用 MM5 模式对本次龙卷过程进行数值模拟。由于模式输出的时间步长为 1 h,给出的是每小时一次的模拟结果,因此分析整点时次的模式模拟回波。为了对模拟的雷达回波效果进行检验,选择最近时次、最低仰角(0.5°)的合肥多普勒雷达反射率因子回波作比较。彩图 4.11为 7 月 3 日 16 时模拟得到的雷达回波和最近时次(16 时 00 分 12 秒)的实况回波。从实际雷达反射率因子回波图(彩图 4.11b)可以看出,在合肥以北地区有一个明显的条状回波带,大致呈现西南—东北走向,而且东部地区的回波宽度大于西部地区,最大回波强度超过 50 dBz。从模拟的雷达反射率因子图(彩图 4.11a)可以看出,主要的回波带位于合肥以北地区,也是东部地区的回波宽度大于西部地区,最大回波强度 45 dBz 左右。进一步的分析发现,模拟回波的宽度大于实际回波宽度,最大回波强度没有实际回波强度大,而且走向与实际回波略有差异。因此总的来看,MM5 模式对于本次龙卷过程 16 时的雷达回波模拟效果较好。

彩图 4.12 为 7 月 3 日 17 时模拟雷达反射率因子和实际合肥雷达反射率因子。彩图 4.12a为 17 时 3 km 高度的模拟雷达回波,彩图 11b 为 16 时 54 分 52 秒 0.5°仰角的实际雷达回波。从彩图 4.12b 的实际雷达回波图上可以看出,和 16 时 00 分 12 秒的雷达回波相比,有明显南移的趋势;回波带依然主要位于合肥以北地区,大致呈现西南—东北走向,而且东部地区的回波宽度大于西部地区,最大回波强度超过 50 dBz。从模拟的雷达反射率因子图(彩图 4.12a)可以看出,与彩图 4.11a 的模拟雷达反射率因子相比,回波带的范围变小;主要的回波带位于合肥以北地区,也是东部地区的回波宽度大于西部地区,最大回波强度为 45 dBz 左右;

进一步分析发现，模拟回波的宽度大于实际回波宽度，最大回波强度没有实际回波强度大，而且走向与实际回波略有差异。由此可知，MM5 模式对于本次龙卷过程 17 时的雷达回波模拟效果较好。

彩图 4.13 为 7 月 3 日 18 时 3 km 模拟雷达反射率因子。从彩图 4.13 可以看出，和前 2 个时次的模拟雷达回波相比，18 时的回波有较为明显的南移倾向，它与实际雷达回波的南移倾向一致。

彩图 4.14 为 7 月 3 日 AB、CD 连线垂直剖面图。16 时和 17 时的 AB、CD 连线是与彩图 4.12 和彩图 4.13 中的 AB、CD 连线相对应的。由图可知，对于 AB 线的模拟雷达回波，16 时的范围比较小，强度较大的区域靠近 B 端，而在中部上下有不连续的 2 块雷达回波，且该区域强度非常弱；17 时的范围显著增大，其强度最大位置向西北偏移。对于 CD 线的模拟雷达回波，16 时的回波布满低层大气，最强回波靠近 D 端，回波顶具有自西到东增加趋势；17 时的回波总的分布形态和 16 时相近，但是最靠 C 端处没有回波。AB 和 CD 线剖面图可以看出，AB 线剖面中雷达回波的最大强度比 CD 线大。

4.4.2.3　微物理量的模拟分析

运用 MM5 中尺度模式对本次龙卷过程进行数值模拟，同时给出该过程的微物理量的输出结果。彩图 4.15 为 7 月 3 日微物理量的垂直结构剖面图。图中绿色表示云水含量，蓝色表示云冰含量，红色表示雨水含量。AB 剖面图中的蓝色线条表示 0℃层。其单位同上。

由彩图 4.15a 可见，0℃层大约位于 5.5 km；云水含量主要分布在 0℃层以下，有 2 片云水含量集中分布区，一片分布区域较小，在 3～4 km 的高度上，其最大值超过 0.6 g/kg；一片分布在右侧，范围大、深度厚，从地面直到 0℃层的高度，其最大值也超过 0.6 g/kg；雨水含量在 0℃层以下有所分布，但主要分布在 0℃层以上，且数值大，等值线密集；在 0℃层以上雨水含量最大值超过 2.2 g/kg，其中心接近于 0℃层；在 0℃层以下雨水含量最大值超过 0.8 g/kg，其中心接近于地面；云冰含量有零星分布。由彩图 4.15b 可见，云水含量主要分布在 5.5 km 以下，基本连片分布；雨水含量在 5.5 km 以下有所分布，但主要分布在 5.5 km 以上，且数值大，等值线密集，说明较高高度上雨水含量丰富；在 0℃层以上雨水含量最大值超过 1.8 g/kg，其中心接近于 0℃层；云冰含量主要在 11～12 km 处有一集中分布区。

由彩图 4.15c 可见，0℃层依然位于大约 5.5 km 处；云水含量还是主要分布在 0℃层以下，分布区域明显增大，右侧的广大区域都有云水含量，从地面一直延伸到 0℃层；雨水含量在 0℃层上下皆有分布，但 0℃层上等值线稀疏得多，且明显变小；云冰含量有零星分布。由图 4.15d可见，云水含量基本布满 5.5 km 以下的整个区域；雨水含量在 5.5 km 以下有零星分布，5.5 km 以上分布的区域明显较少；云冰含量在 11～12 km 处有一个集中分布区。

由彩图 4.15e 可见，0℃层依然位于 5.5 km 上下；云水含量主要分布在 0℃层以下，分布区域较为宽广，从地面一直延伸到 0℃层；雨水含量的数值有所增加，最大高度有所降低；云冰含量零星分布，11～12 km 处有一分布区。由彩图 4.15f 可见，云水含量基本布满 5.5 km 以下的整个区域，主要位于右侧；雨水含量分布区域明显变小，只是在其右侧有很小区域集中分布有雨水含量；没有云冰含量分布。

4.4.3 短时强降水过程的数值模拟

4.4.3.1 天气实况

2007年7月,淮河流域降水强度大,持续时间长,发生了仅次于1954年的全流域性暴雨洪涝灾害。与2003年淮河流域强降水特点比较,2007年淮河流域降水呈现3个方面的特点:一是降水非常集中,降水强度超过2003年;二是强降水主要集中在淮河干流,中游降水超过2003年;三是强降雨覆盖的面积与2003年的接近。

2007年淮河流域自6月19日进入主汛期,6月29日—7月26日出现持续强降水天气。由于水势凶猛,降水密集,淮河干流水位全线上涨,期间先后启用10个行蓄(滞)洪区实施分洪。根据赵思雄等[14]对2007年淮河流域强降雨期的天气形势和主要过程的初步分析,汛期中较强降水从6月19日至7月26日可分为3个阶段,其中第2阶段(即6月29日—7月10日)降水最强、影响最大。而在第2阶段中又有4次降水过程,其中以第4次降水过程(7月8—9日)降水最为集中,此次降水导致10日王家坝的开闸泄洪。本节即以7月8—9日的降水过程作为模拟对象。

以2007年7月7日20时作为MM5模式模拟的初始时刻,每隔1 h输出一次,一直到9日20时。取其中的模拟降水与淮河流域高密度雨量资料进行逐时对比,经过逐一比较分析,发现MM5模式较好地模拟了雨带的分布范围和移动方向,雨带较长时间维持在淮河流域附近地区。同时也发现,9日的降水模拟性能没有8日的模拟性能好,它反映了随着时间的向后延伸,模式模拟性能会逐步减弱。

图4.16给出2007年7月8日08时、11时、14时和17时的逐时实况降水和模拟降水。在实况降水图中,由于采用的是高密度雨量站数据,站点数过于密集,在MICAPS 2.0系统下绘不出如此稠密的雨量等值线图;在模拟降水图中,绘出1、10、25、50、100、150 mm等值线。

由图4.16a可知,08时的实况降水分布为:一条降水雨带自河南经过安徽淮河流域直到江苏沿江和上海地区,主雨带位于淮河流域;在河南沿黄河以南地区零星分布降水,在江苏的沿江地区中部雨区出现中断;在安徽沿淮中西部有一个降水中心,最大值67 mm;在上海地区也有一个降水中心,最大值27 mm。由图4.16b可知,08时的模拟降水分布为:一条降水雨带自河南经过安徽淮河流域直到江苏沿江、上海地区;在河南中部地区分布有零星降水区,在江苏的沿江地区中部雨区出现中断;降水中心有2个,一个在安徽沿淮中西部,最大降水超过50 mm;一个在上海地区,最大降水超过25 mm。相比较而言,雨带分布形态、降水中心量级基本一致,只是在河南的零星降水分布位置略有不同,模拟结果较实况偏南。

由图4.16c可知,11时的实况降水分布为:一条降水雨带自河南黄河以南大部经过安徽淮河流域一直延伸到江苏沿江和上海地区,主雨带依然位于安徽沿淮地区,雨带为连续分布;在安徽沿淮西部有一个降水中心,最大值78 mm;在江苏沿江地区有一个降水中心,最大值22 mm。由图4.16d可知,11时模拟降水分布为:一条雨带自西向东即从河南经安徽到江苏、上海,主雨带主要在江苏、上海沿江地区,雨量超过25 mm;在河南接近安徽地区出现超过25 mm的降水中心;在河南境内雨带出现断裂现象。和实况相比,模拟降水的整体分布形势与实况较为接近,模拟的降水区域在河南要小,且模拟的降水没有实况的大。

由图4.16e可知,14时的实况降水分布形态与11时的比较接近,主雨带依然维持在安徽沿淮地区,雨量普遍在10 mm以下,安徽阜阳出现最大25 mm的降水,安徽无为出现20 mm

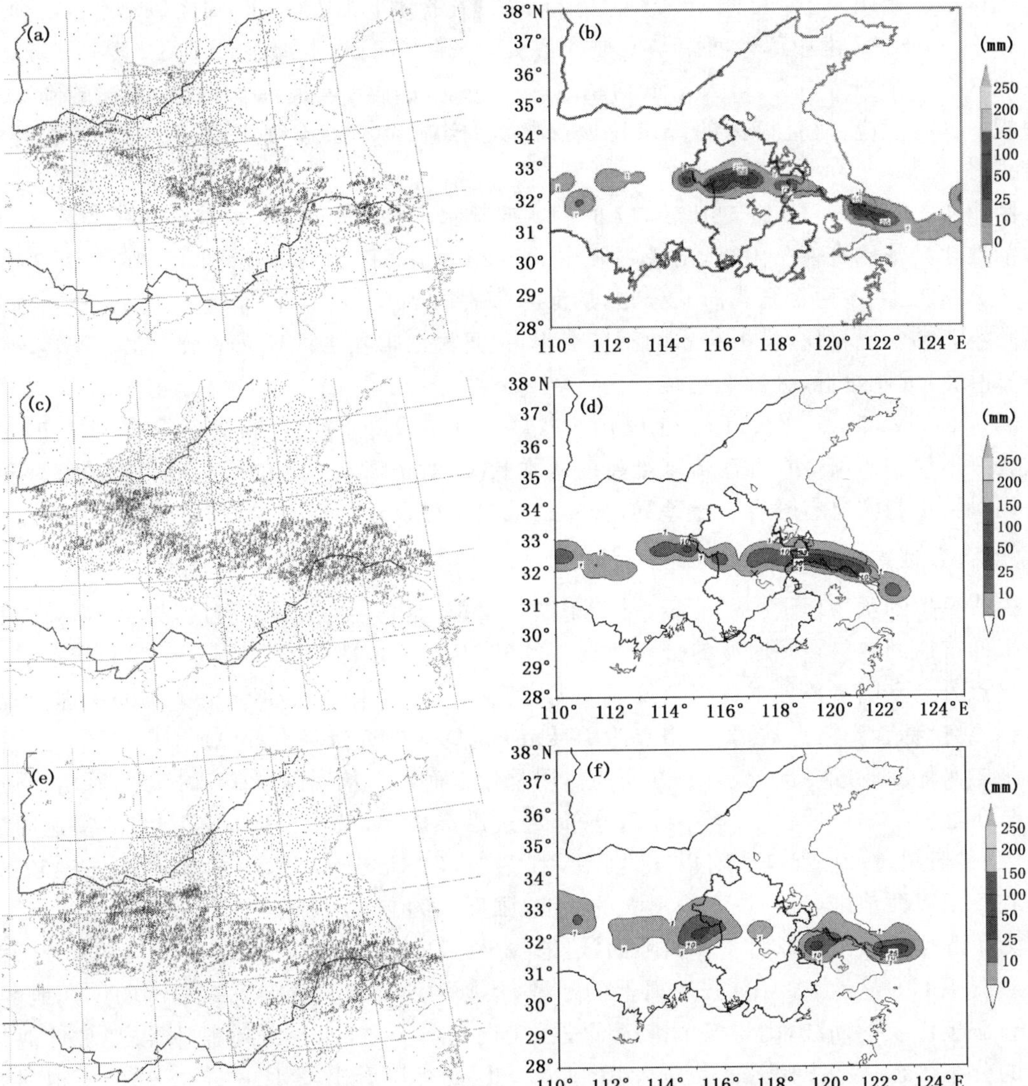

图 4.16　2007 年 7 月 8 日实况降水和模拟降水(a:08 时实况;b:08 时模拟;c:11 时实况;d:11 时模拟;e:14 时实况;f:14 时模拟;g:17 时实况;h:17 时模拟)

左右的降水。由图4.16f可知，与08时和11时的雨带分布相比，14时的模拟降水已经分裂成2条雨带，一条在河南中部到河南与安徽交界处，一条在江苏、上海沿江地区，其中江苏、上海沿江地区有2个雨量中心，最大雨量均超过25 mm。实况与模拟降水相比，实况的降水中心在模拟中都有对应，而且模拟的降水比实况的大；实况为一条连续雨带，模拟则分裂为2条雨带。

由图4.16g可知，同14时比较，17时的实况降水雨势明显减弱，雨带分布较为零散，但在安徽沿淮地区依然有一条雨带，雨量一般在10～20 mm，雨量减弱。由图4.16h可知，17时模拟降水分布为：一条雨带自西向东分布，从河南经安徽到江苏、上海，但是呈现分裂状，雨量也明显减小。和实况相比，模拟降水的雨区变小，但是主雨带在沿淮地区的分布形势与实况基本一致，即雨量大小接近，分散形态接近。

通过8日08时、11时、14时和17时模拟降水和实况降水的分析，总的来看，中尺度MM5模式较好地模拟出雨带在淮河流域维持的基本状况，对于降水中心的模拟能力也较好，当然模拟的雨量大小与实况有时有一定差异，分布区域与实况也会存在一定偏差。

4.4.3.2 雷达回波的模拟及其对比

模式模拟的微物理量特征分析，是基于模式模拟的雷达回波来进行的，因此，需要对比模式模拟的雷达回波与实际回波的分布情况。2007年7月8日08时3 km高度的模拟雷达回波和最近时刻阜阳多普勒雷达组合反射率见彩图4.17。彩图4.17a标出阜阳的地理位置，其横坐标、纵坐标皆为格点数，每个格点为18 km。选择2条近似垂直的AB、CD连线，一方面的作用是与实际回波进行比较，另一方面的作用是作剖面图。从彩图4.17a中可以看出，雷达回波的分布近似于一条带状，大概呈纬向分布，经过沿淮地区，其中安徽沿淮一线的雷达回波强度较大，普遍超过40 dBz，阜阳以东地区大致为"人"字形分布形态，最大回波强度超过50 dBz；在阜阳以西地区，有一块面积不大的回波，强度大约在40 dBz。

为了清楚地对比模拟回波和实际回波，彩图4.17b绘出与彩图4.17a对应的AB、CD连线。彩图4.17b显示，20 dBz强度以上的回波，从阜阳西部一直延伸到其东部的广大地区；而45 dBz强度以上的回波，则与模拟雷达回波的走向基本一致，即自西向东，回波呈现近似"人"字形的分布状态，最大回波强度为60 dBz左右。因此可以看出，7月8日08时的模拟回波与实际雷达回波分布较为接近，而最大回波强度要弱。

4.4.3.3 微物理量特征

由于雷达回波的模拟与实际回波接近，因此，在此基础上分析模拟的微物理量才有价值，这里采用选择2个近似垂直方向的微物理量剖面图的方式来进行。沿彩图4.17a中回波主体位置选择AB、CD 2条近似垂直的连线，绘出其雷达回波和微物理量的剖面图，分别见彩图4.18和彩图4.19。彩图4.18a和彩图4.19a给出雷达回波的图标；彩图4.18b和彩图4.19b中微物理量的紫色线代表冰晶，红色线代表雨水，绿色线代表云水，蓝色线代表雪晶，单位g/kg。深蓝色线表示0℃层所在位置，图中还标示出风矢。

由彩图4.18a可知，模拟雷达回波发展旺盛，其宽度在整个13 km高度以内大约有250 km，自上而下的雷达回波为中间大两头小的分布特征，在一个回波体中大致可以分为左右2个相对的回波带，左右回波带呈对称结构，最大回波强度超过50 dBz。

由彩图4.18b可知，雨水含量主要分布在12 km以下，且雨水含量接地，说明地面降水也相应较大；在 2 个回波带中，最大雨水含量分别为 4.11 g/kg、4.58 g/kg，其对应的高度在 4 km 左右。2003 年 7 月 5 日的显式云分辨模式模拟结果[7]为：在较强的回波区，雨水在 6 km 以下含量较大，最大值位于 4 km 左右，可超过 3.0 g/kg。与 2003 年 7 月 5 日的模拟结果比较，2007 年 7 月 8 日的雨水含量最大值所处位置差不多，雨水深厚，最大值要大，其深厚的雨水层和雨水强度为暴雨的形成提供了极好的湿度条件。云水含量主要分布在 2～10 km，区域在雨水含量范围之内，其高度比雨水含量高；2 个回波带中云水含量最大值所在位置分别在 5 km、7 km 左右；与 2003 年模拟结果相比大体一致。0℃层主要在 5～5.5 km，在雷达回波的边缘要略低，在雷达回波的中心位置达到最高，因此，图中显示 0℃层为波状分布形态；在雷达回波的中心位置 0℃层的高度高，是由于此处处于气流上升区，它把低处温度较高的气流抬升至高处。冰晶基本分布在 0℃层以上，2 个回波带中最大值分别为 5.41 g/kg、6.58 g/kg，所对应的高度在 10～11 km；雪晶的分布位置较高，主要在 10 km 以上，最大值在 12 km 附近，说明雪晶形成需要的温度比冰晶要低得多。在左右 2 个回波带中，垂直速度向上，风速较大，表示有较强的上升运动，为气流不稳定区，成为暴雨的触发条件。

由彩图 4.19a 可知，模拟雷达回波的发展依然旺盛，其宽度呈现上大下小的分布特点，最宽处大约有 200 km，最大回波强度也超过 50 dBz。由彩图 4.19b 可知，雨水含量主要分布在 12 km 以下，且雨水含量接地，说明雨水分布范围比较广泛；最大值为 4.03 g/kg，高度超过 3 km。云水含量依然主要分布在 2～10 km，区域在雨水含量范围内。冰晶分布在 4.5 km 以上高度，为 0℃层以上区域，最大值(6.01 g/kg)分布在 9～10 km；雪晶同样分布比较高，在 10 km 以上，最大值(0.31 g/kg)出现在 12 km 附近，且在冰晶的范围之内。与雨水含量区域相对应，从地面一直到 12 km 处，依然有较强的垂直上升运动，为暴雨的形成提供了触发条件。

4.5 强对流天气动力因子的 MM5 模式模拟

4.5.1 冰雹大风过程的数值模拟

应用中尺度数值预报模式 MM5 可以模拟出动力特征，这里给出风场的分布，见彩图 4.8 中的风矢。由彩图 4.8a 可知，对应于回波带 1，在其 0℃层以上的右侧位置，存在较为强烈的上升运动区；对应于回波带 2，在其 0℃层以下的左侧位置，存在较为强烈的上升运动区；对应于回波带 3，在 0℃层以上的主体位置和 0℃层以下右侧位置，存在较为强烈的上升运动区；对应于回波带 4，则在其主体位置上存在较为强烈的上升运动区。由彩图 4.8b 可知，对应于回波带 1，在主体位置大部存在较为强烈的上升运动区；对应于回波带 2，在其 0℃层以上的右侧位置，存在较为强烈的上升运动区；对应于回波带 3，0℃层以上的主体位置，存在较为强烈的上升运动区；对应于回波带 4，则在其 0℃层以上存在较弱的上升运动区。总之，从风场的分布来看，每个较强的回波带对应于较强的上升运动，但是较强的上升运动区域并不分布在回波带的固定位置。

4.5.2 龙卷过程的数值模拟

针对 2007 年 7 月 3 日龙卷天气过程，应用 MM5 中尺度数值预报模式进行了散度、涡度、风的动力学特征数值模拟。图 4.20 为 MM5 模式模拟的 7 月 3 日散度场。安徽省的经纬度范围为114°54′～119°37′E、29°41′～34°38′N。由图可知，安徽省大部地区散度值在 0 附近，16 时 850 hPa 高度上天长、高邮附近有一个散度负值区，其数值在－0.0008/s 左右；16 时 500 hPa 高度上合肥以北地区有一个近似于纬向分布的散度负值带；16 时 300 hPa 高度上天长附近有一个散度正值区。因此，对于 16 时的散度垂直分布来看，安徽天长、江苏高邮附近呈现低层辐合、高层辐散的状况。而 17 时的散度垂直分布，没有出现显著的低层辐合、高层辐散的状况。

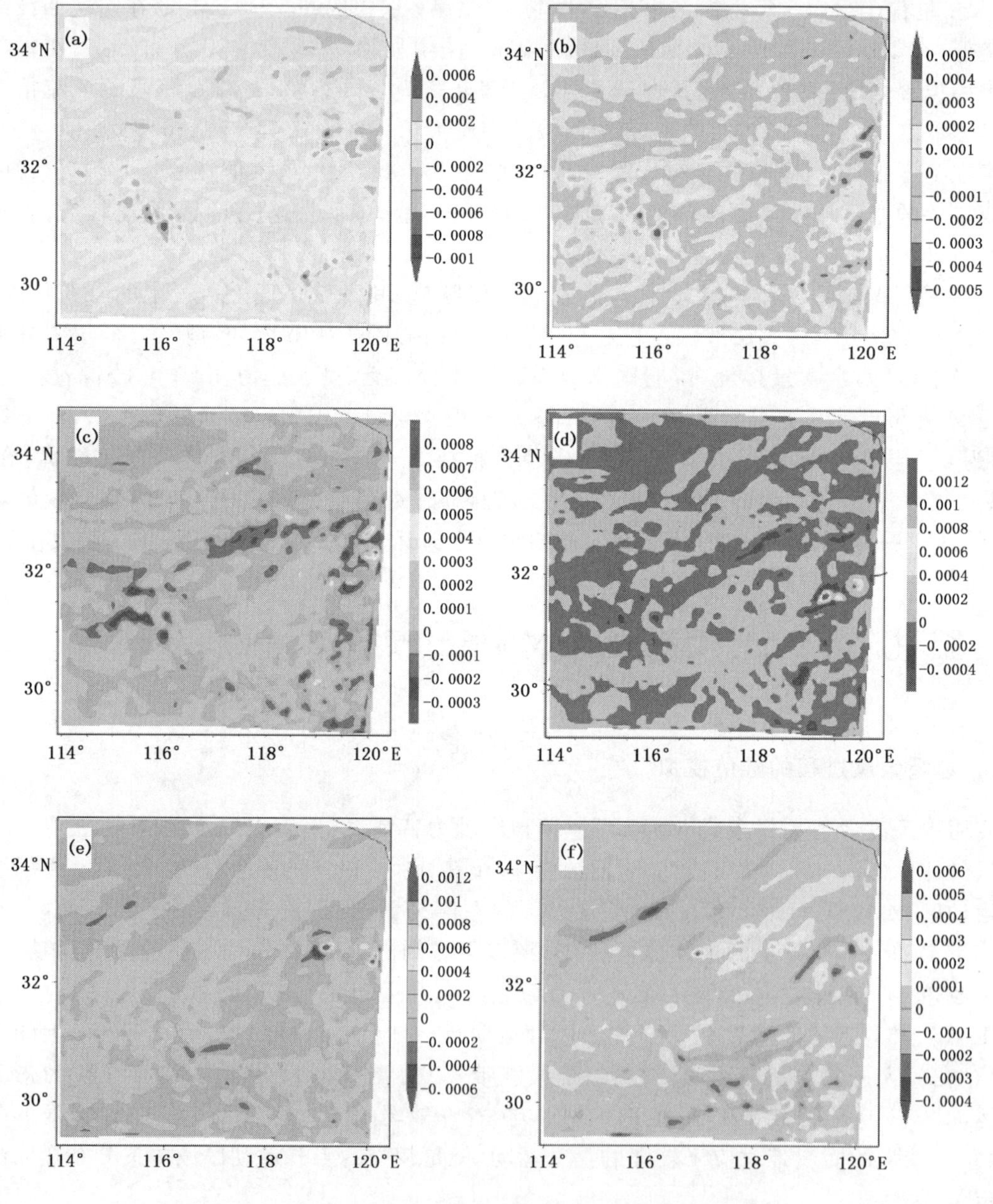

图 4.20　模式模拟的 2007 年 7 月 3 日散度场(单位：s^{-1})

(a：16 时 850 hPa；b：17 时 850 hPa；c：16 时 500 hPa；

d：17 时 500 hPa；e：16 时 300 hPa；f：17 时 300 hPa)

图 4.21 为 MM5 模式模拟的 7 月 3 日涡度场。由图可知，涡度大致表现为带状分布，要么为纬向分布，要么为近似于西南—东北走向分布。除图 4.21b 之外，在安徽天长、江苏高邮附近多为涡度的正负密集分布区，说明这一地区的上升、下沉运动较为激烈。伴随着强烈的空气运动，导致局地龙卷的产生。

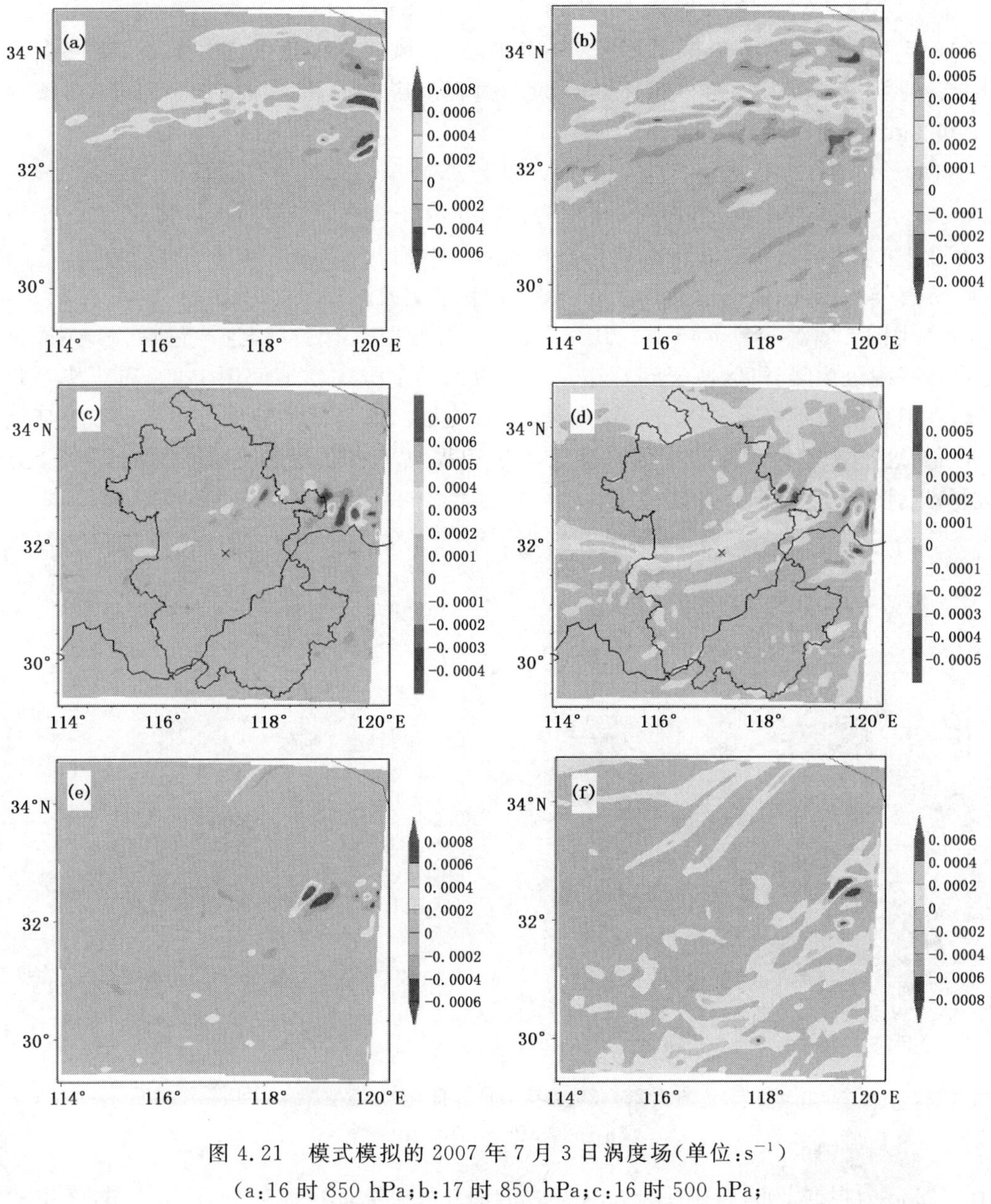

图 4.21　模式模拟的 2007 年 7 月 3 日涡度场(单位：s^{-1})
(a：16 时 850 hPa；b：17 时 850 hPa；c：16 时 500 hPa；
d：17 时 500 hPa；e：16 时 300 hPa；f：17 时 300 hPa)

动力因素之一的风场分布见彩图 4.15 风矢。由风矢垂直结构剖面图可见，在雨水含量丰富地区，常对应于较强的上升气流区，说明较强的降水区域常与雨水含量高值相匹配，这种分布形式或许印证了应用 MM5 模式进行上升运动的模拟、雨水含量的模拟以及降水的模拟具有较好价值。

4.6　雷暴大风的 ARPS 模式模拟

4.6.1　天气过程及模拟方案

2004 年 7 月 3 日在北京市出现一次伴有雷暴、大风和强降水的天气过程，造成多棵树木被刮倒或被拦腰折断。为了研究雷暴大风发生过程及影响雷暴大风的关键因子，对该过程进行理论和实际个例模拟和诊断分析。

在 2004 年 7 月 3 日 08 时高空 300 hPa 图上，35°～40°N 之间有明显的急流存在，最大风速达 44 m/s。在 500 hPa 天气图上，呼和浩特以北(45°～50°N、105°～110°E)存在一个闭合低压，且有冷中心配合；低压存在准东西向的横槽，冷中心位于横槽后部的西北方，即温压场呈斜压结构，具有强斜压性；低涡前有一暖脊存在，有利于上游冷空气堆积在高空(图 4.22)。在低空 700 hPa 图上，低涡(40°～45°N、110°～115°E)与低槽也有表现，且均呈后倾结构；低槽前部、呼和浩特附近为暖脊区，位于 500 hPa 冷平流区的下方。在地面图上，呼和浩特以北存在一冷锋，在卫星的可见光云图上有一锋面云系与之对应，即具备了触发机制。对以上环境场特征分析可知这种垂直配置为这次强对流天气过程提供了有利的热力、动力条件——“上冷下暖”、强斜压性以及低层的扰动。

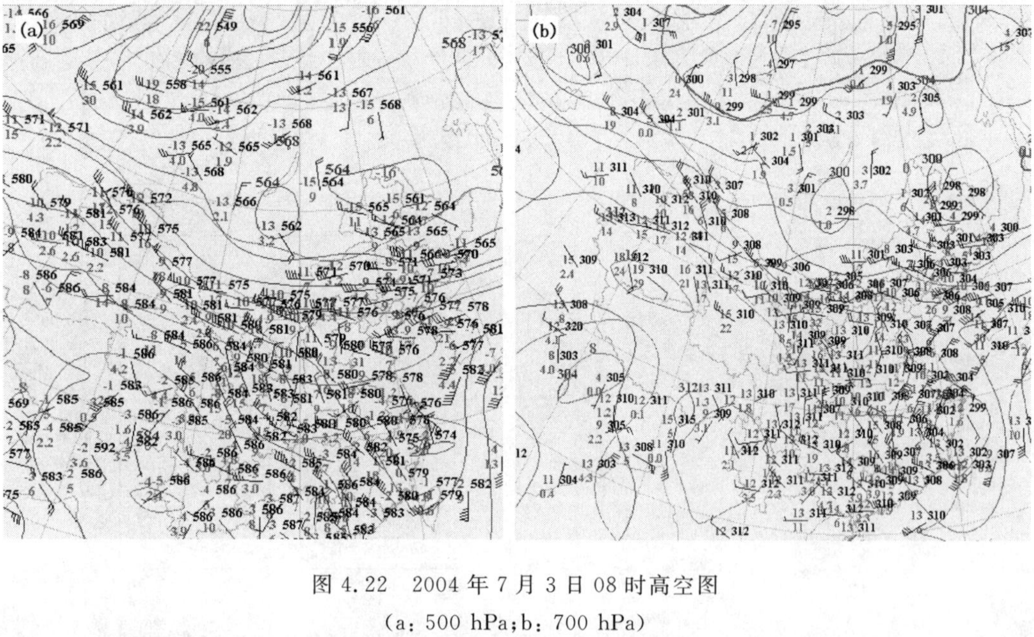

图 4.22　2004 年 7 月 3 日 08 时高空图

(a：500 hPa；b：700 hPa)

图 4.23a 为根据 2004 年 7 月 3 日 08 时 54511 站探空资料绘制的 T-ln$P$ 图，表 4.1 为根据探空资料计算的部分对流参数。从探空资料计算所得对流有效位能为 2393.61 J/kg，抬升指数为－6.25，说明该个例的热力不稳定度和对流能量都很大。地面与 500 hPa 之间的假相当位温差超过 30 K(图 4.23b)，其中在 787～500 hPa 假相当位温减少明显，对流不稳定度大，这种环境利于雷暴大风(下击暴流)的发生。风暴强度指数(*SSI*)为 92.98，能量螺旋度为 0.63，这说明综合环境利于强风暴的发生。

表 4.1　2004 年 7 月 3 日 08 时 54511 站(地面以 B 机场观测 14 时资料代替)部分对流参数

参数名称	计算结果	参数名称	计算结果
对流有效位能(*CAPE*)(J/kg)	2393.61	粗里查森数(*BRN*)	103.67
沙氏指数(*SI*)	1.28	风暴相对螺旋度(*SRH*)	41.93
抬升指数(*LI*)	−6.25	能量螺旋度指数(*EHI*)	0.63
深对流指数(*DCI*)	33.25	下沉对流有效位能(J/kg)	1208.2
大风指数(*WINDEX*)	26.09	风暴强度指数(*SSI*)	92.98

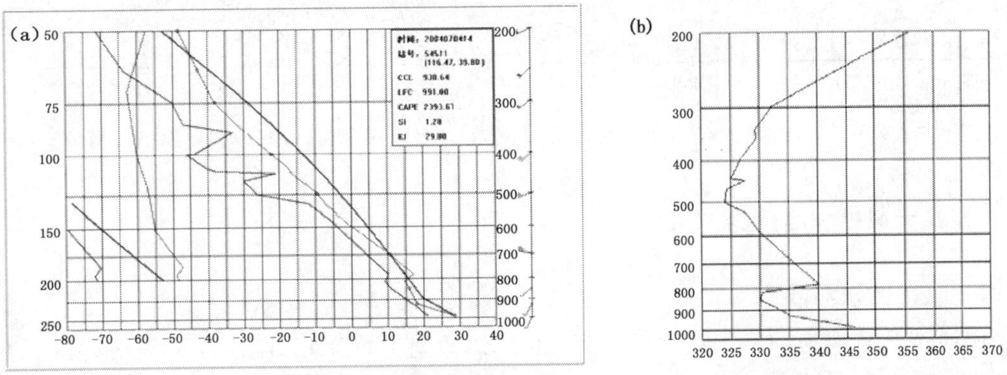

图 4.23　2004 年 7 月 3 日 14 时 54511 站探空 *T*-ln*P* 图和假相当位温垂直结构

(a：探空图；b：假相当位温结构)

(注：地面气温和露点以 B 机场 14 时观测实况替代，其他层次为 08 时探空资料)

根据 2004 年 7 月 3 日 08 时 NCEP 资料计算的对流有效位能(*CAPE*)和抬升指数(*LI*)的分布(图 4.24)可知，北京地区处于 *CAPE* 的高值区(*CAPE*>1000 J/kg)、*LI* 的低值区(*LI*<−4)，这均说明该地区具有强不稳定性的特征，有利于强风暴的发生。

本节利用 ARPS 模式对 2004 年 7 月 3 日北京这次强风暴形成及雷暴大风的演变过程进行两个方案的模拟试验。

方案一：雷暴大风发生过程的理论模拟和敏感性试验

选取 2004 年 7 月 3 日北京站探空资料为初始条件，运用 ARPS 模式进行热泡启动试验，研究模拟出的雷暴大风的发生、发展过程，以及各物理参数在风暴发展过程中的时间变化和空间分布，并与实际情况进行比较，初步验证 ARPS 模式模拟雷暴大风的可行性；设计对比试验，运用 ARPS 模式模拟不同大气环境(层结稳定度、低层风切变、近地层湿度、中层干燥度等)对雷暴大风的影响，从而研究影响局地雷暴大风形成的物理因子。

方案二：实际雷暴大风天气过程模拟试验

选取 2004 年 7 月 3 日北京站的实际资料(包括地面资料和高空资料)为初始条件，应用 ARPS 模式进行数值模拟，并对结果进行诊断分析，研究模拟出的雷暴大风过程中近地面场的温压湿演变情况、雷达回波情况以及环境场特征，并与实测资料比较，检验 ARPS 模式模拟实际雷暴大风的能力。

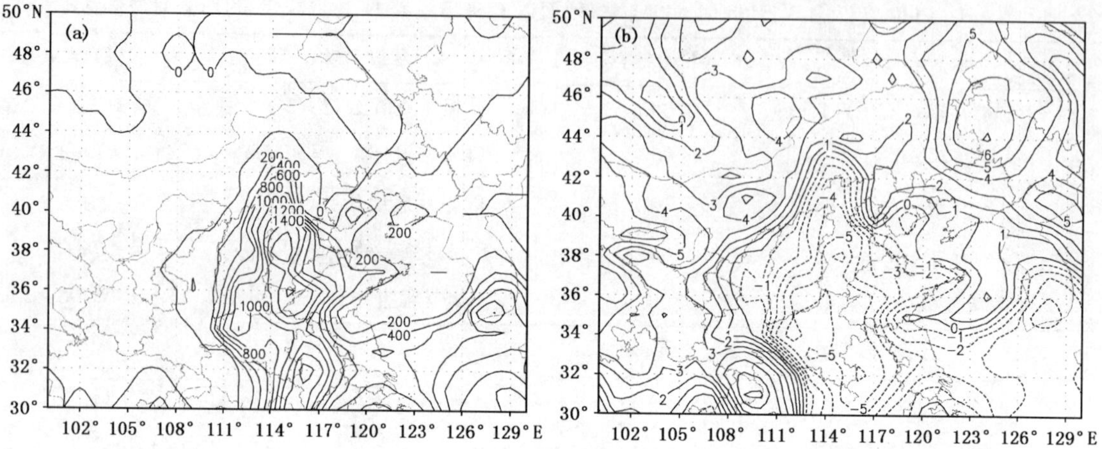

图 4.24　2004 年 7 月 3 日 08 时 NCEP 对流有效位能 *CAPE*(单位:J/kg)(a)和地面抬升指数 *LI*(b)

4.6.2　雷暴大风过程的理论模拟

4.6.2.1　模拟方法和参数

采用的模式范围为:67×67,水平格距 1000 m,垂直方向采用 37 层伸展网格;模拟的初始时间是 06 时(世界时),时间步长 6 s,积分 120 min。模拟时选用 1.5 阶湍能闭合方案,不考虑地形、地面摩擦及科氏力的影响,湿过程采用 Kessler 暖雨方案,上、下边界采用刚性条件。

为了加快风暴形成,模式以北京为中心,用 4 K 的椭球位温扰动来启动对流,扰动中心距地面 1.5 km,距模式西、南边界各 35 km;扰动位温水平各向同性,半径为 10 km,垂直扰动半径为 1.5 km。因为发生强天气前低层温度和露点均有热力增温,所以模拟的初始时刻是从 06 时开始的,所用的探空资料是 00 时(北京 08 时)54511 站探空,并用 06 时(世界时)地面观测的温度和露点代替地面资料得到的。

4.6.2.2　垂直运动及风场特征模拟

图 4.25 为模拟的最大上升、下沉速度随时间的变化图,图 4.26 是模式积分 24 min 时沿风暴中心垂直速度,u-w 风矢、雨水分布纬向剖面图。从图 4.25 中可以看出:风暴形成速度很快,发展强度大。模拟第 22 min 时,上升速度达最大值(62 m/s),风暴发展的高度也高,上升运动超过 14000 m,随后风暴继续发展,24 min 时对流上升至最高点(大于 15000 m)。风暴发展至成熟阶段后,在对流层顶的云砧附近及云下都出现了较强的下沉气流;在模拟 18 min 后,云底(对流层中下层)的下沉气流开始快速发展,至 27 min 时达最大值(34 m/s)。从不同时段沿风暴中心纬向剖面的垂直速度的分布图(图略)还可看出,风暴体在发展成熟后,由雷暴大风造成的地面阵风锋效应激发了风暴前方另外一个对流单体的发展;随着第一个对流单体的减弱、消亡,被激发的对流单体迅速发展起来,并也经历了发展、成熟、消亡 3 个阶段。

由图 4.25 可知,在模拟 11～22 min 阶段内,风暴内的上升运动加速很快,最大上升运动从 9 m/s 加速到 62 m/s,这说明热力不稳定很强。最大上升运动在维持一段时间(19～30 min)的高值后(大于 40 m/s),开始有所减弱,但随着风暴阵风锋触发的另一对流单体的发展,模拟区域最大上升速度又有所加强,并在模拟的 44 min 时达到 36 m/s,此后呈阶梯状迅速衰

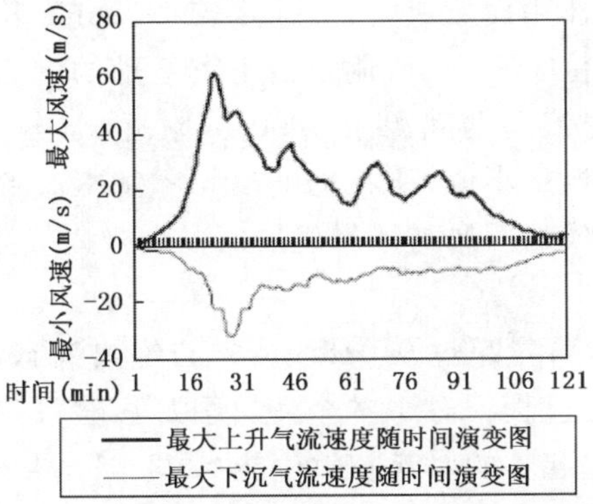

图 4.25　最大下沉速度和最大上升速度随时间变化图

减,整个模式区域的上升对流运动减弱。随着风暴上升运动的发展,下沉对流也随之发展并与上升运动呈现出准一致位相(或稍晚),即上升运动发展强盛后,下沉运动随即达到最大。

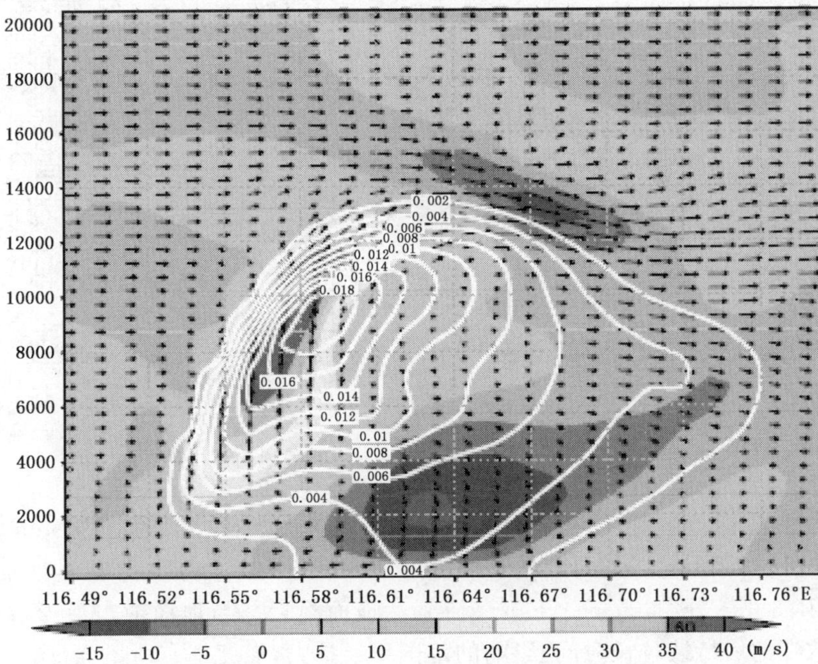

图 4.26　模拟 24 min 时沿风暴中心纬向剖面垂直速度(伪彩)、u-w 风矢及雨水分布(g/kg)

从图 4.26 还可以看出,模拟 24 min 时,风暴发展强盛,风暴体受风切变的影响有明显的倾斜,上升气流非常强。最大上升速度位于 9000 m 附近,与探空分析图得出的平衡高度在 240 hPa 比较一致。最大雨水含量中心也位于 9000 m 附近,但明显与上升运动中心有一定偏离,且位于水平风的下风方向。这也印证了风切变对强风暴的重要作用之一:使最大水物质含量中心明显偏离最大上升运动中心,维持风暴的发展强度。

风暴的上升气流区和下沉运动区分界非常清晰,主下沉运动支位于风暴运动的前向,主下沉中心有两个,一个位于 13000 m 附近,另外一个位于 2000 m 附近,最大下沉运动速度都超过 15 m/s。位于 13000 m 附近的下沉对流是由于风暴极端发展,上冲云顶形成的冷云砧在脱离风暴主体后，受环境负浮力作用而形成的，其强度较小。由于其中的水物质少，这种下沉运动增温很快，强度无法维持。位于 2000 m 附近的下沉运动的中心强度和范围均较大，是对流下沉运动的主体。这支下沉对流运动起源于 6000 m 附近，与本个例下沉对流有效位能计算时把中层干冷空气(假相当位温最小值)所在的 500 hPa 基本一致。气流在下沉过程中加强，下沉至地面附近辐散，辐散形成的西风与风暴发展时低层吸入气流进行了合并，构成了风暴主上升气流分支。

模拟 24 min 时，最大雨水含量超过 0.018 g/kg，与绝热液态水含量 0.020 g/kg 接近，说明对流过程接近理想化的绝热过程。对于本个例，模拟时，假设热泡位温扰动为 4 K，这时对流有效位能大于采用地面状况起算的对流有效位能 2393.61 J/kg。模拟出的最大垂直速度达 62 m/s，对应的理想的对流有效位能应为 1922 J/kg，说明混淆对风暴可能有一定的抑制作用。此外，本个例雨水中心位于 10000 m 附近。如果考虑到液态水拖曳消耗了部分能量，那么模拟的对流运动强度和计算出的修正的对流有效位能对应更趋于合理。由此也可以判断，在强对流发展过程中，液态水拖曳对上升运动也是个显著的问题。

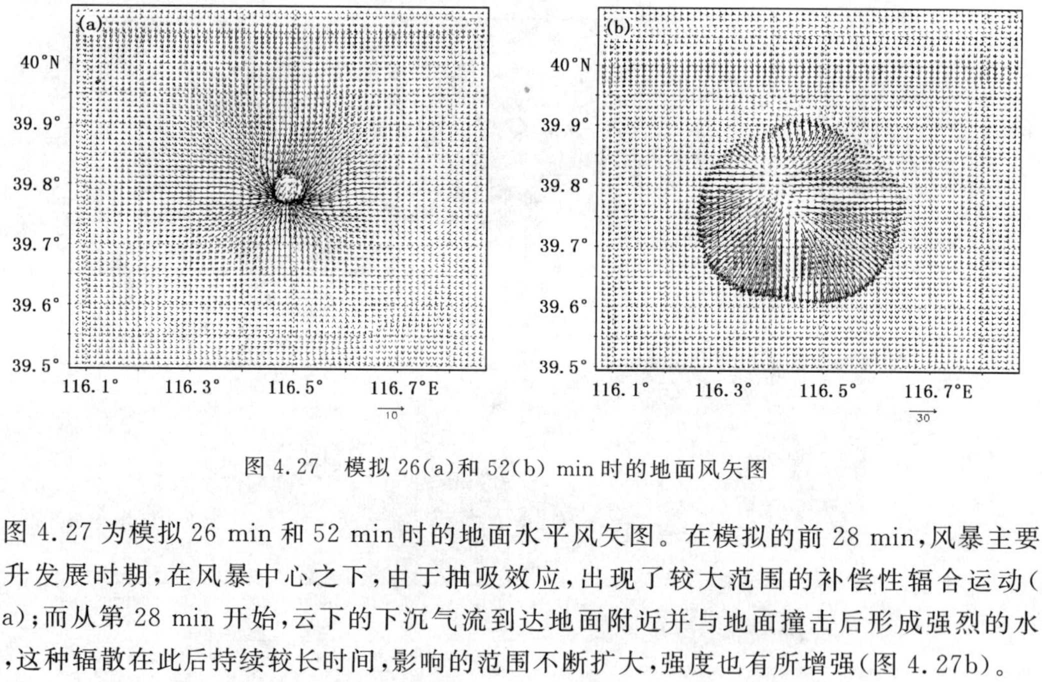

图 4.27 模拟 26(a)和 52(b) min 时的地面风矢图

图 4.27 为模拟 26 min 和 52 min 时的地面水平风矢图。在模拟的前 28 min，风暴主要处于上升发展时期，在风暴中心之下，由于抽吸效应，出现了较大范围的补偿性辐合运动(图 4.27a)；而从第 28 min 开始，云下的下沉气流到达地面附近并与地面撞击后形成强烈的水平辐散，这种辐散在此后持续较长时间，影响的范围不断扩大，强度也有所增强(图 4.27b)。

图 4.28 为模拟的积分 26 min 和 52 min 时地面大风风速图，结合图 4.27 分析可以看出，由风暴抽吸效应引起的近地面辐合风比下沉气流造成的水平辐散效应弱，辐合效应造成的风速达不到大风量级(图 4.28a)，而下沉气流所造成的低空最大风速在模拟的 38～56 min 时段内均超过 20 m/s(图 4.28b)。强下沉气流所造成的地面阵风锋效应明显，阵风锋呈明显的不对称性，在风暴移动的前方，风速大，阵风锋强。此外，虽然阵风锋范围一直在不断扩大，但由于在模拟后期，造成阵风锋效应的下沉气流已经有所减弱，故 58 min 时的地面大风区没有 52 min 时的大风区完整，强度也略有减弱(图略)。

4.6.2.3 近地面的温压湿场特征分析

图 4.29 和 4.30 是模拟的近地面气压场、温度场和湿度场随垂直速度演变情况，可以发

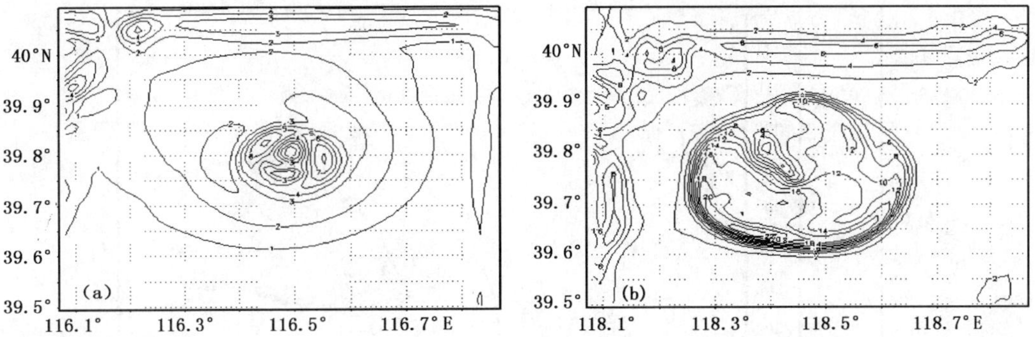

图 4.28　模拟 26(a)和 52(b)min 时的地面风速图(m/s)

现，地面气压升高和温度、湿度降低与下沉气流的发生加强有着密切关系。从图 4.29 可以推断地面气压升高主要是由于下沉气流到达近地层后形成冷堆，这种干冷空气的堆积使地面的气压出现涌升。从图中可以看到，在模拟的 20 min 前地面气压升高幅度很小，这是由于强雷暴云发展初期下沉气流相对较弱，而随着下沉气流的快速加强，地面气压升高幅度变大，在 36 min 时地面气压升高达 4.1 hPa。同时由于下沉气流得到了两次不同程度的加强，相对应的地面升压涌升出现了两个峰值，很好地说明了下沉气流对地面气压涌升的决定性作用。

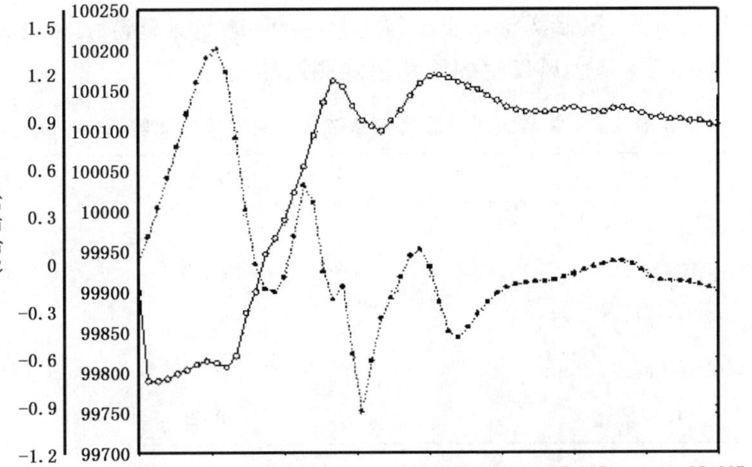

图 4.29　模拟的近地面气压(空心圆)和垂直速度(实心圆)演变图

图 4.30 是比湿场和温度场变化情况，从中可以看出，随着对流云的发展加强，地面温度逐渐降低、比湿减小，这是由于下沉气流在下落的过程中蒸发冷却，吸收潜热使环境温度降低。比湿的减少完全是由于下沉作用造成的。如下沉对流有效位能描述的下沉对流过程一样，冷空气到达地面后使地面温度降低、比湿变小。在模拟的第 27 min 空中最大下沉气流达最大值(34 m/s)，较强的下沉气流使得地面温度在 30 min 左右时出现明显降低，到模拟的第 46 min，地面降温达极大值 8.7 K。

4.6.2.4　模拟结果与观测值对比分析

在模拟到 16 min 时降水开始到达地面，此后随着强雷暴云的发展加强，降水范围逐渐变

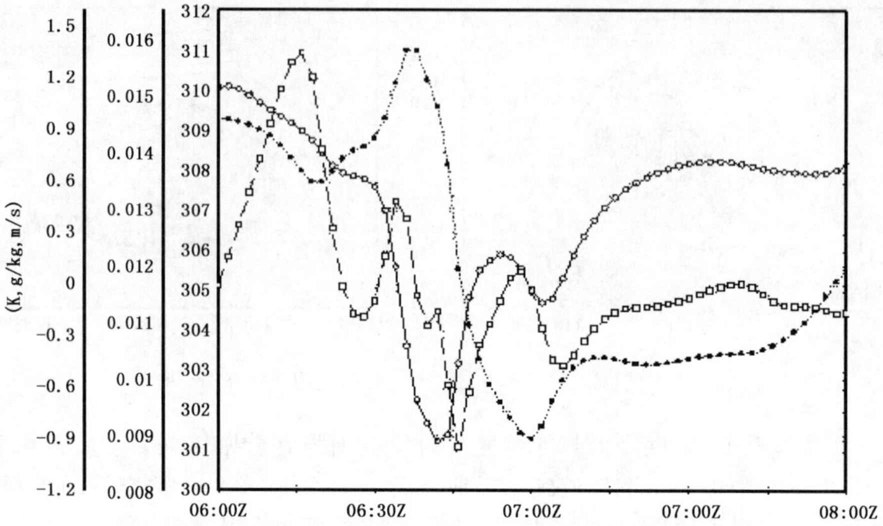

图 4.30 近地面位温(空心圆)、比湿(实心圆)和垂直速度(方形)演变图

大,同时降水量也逐渐增大,到第 24 min 时,模拟的地面累积降水量达 18 mm。

表 4.2 为模拟结果与 B 机场观测值的对比,可以看出,模拟的对流云生命史、云顶高、地面辐散风速、最大地面升压、风暴类型与实况较为接近,而地面累计降水和最大地面降温偏差较大,造成的原因可能是雷暴大风发生的地点离观测站较远。

表 4.2 雷暴大风理想化模拟结果与实测值的比较表

对比内容	模拟结果	实测结果
地面最大辐散风速(m/s)	26	20
地面最大降温(K)	−8.9	−5.0
地面最大气压涌升(hPa)	4.0	3
地面累计降水量(mm)	18	5(B 机场) 3(C 机场)
风暴类型	单体	单体

4.6.3 雷暴大风过程的实际模拟试验分析

4.6.3.1 雷暴大风的实际模拟方法

进行雷暴大风实际资料的模拟研究时,采用的模式范围为:101×101×35,采用的是嵌套网格,粗网格的水平格距 18 km,时间步长 20 s,积分 12 h;细网格的水平格距 6 km,垂直格距 500 m,时间步长 10 s,积分 12 h;垂直网格均采用伸展网格,最小间隔为 20 m。

模拟时选用 1.5 阶湍能闭合方案,考虑实际地形、地面摩擦及科氏力的影响,湿过程采用 Kessler 暖雨方案,侧边界采用外部边界条件,上、下边界采用刚性条件,初始时刻为 06 时(世界时)。

第一层粗网格模拟时,以北京为模式的中心,侧边界用当日 06、12 和 18 时(世界时)NCEP 分析场资料进行控制,加入 06 时(世界时)的地面常规资料修正初始分析(地面报中包括一定的云信息，如总云量、低云高、低云量等）；第二层细网格模拟时，考虑到大网格模拟结果显示风暴系统位置偏北，为了更好地模拟出此次过程，套网格模式的中心向偏北移动 150 km，侧边界以粗网格每小时的预报输出作为细网格的侧边界控制，为启动对流，模拟时在模式中心虚拟了位温扰动。

4.6.3.2　模拟物理量场结果分析

(1)风场特征

图 4.31 为模拟的最大垂直速度（下沉速度、上升速度）随时间的变化图。从图中可以看出：风暴形成速度很快，发展强度强；模拟第 37 min 时，上升速度达最大值（44 m/s），风暴发展的高度也高，上升运动超过 16 km；在模拟 36 min 后，在对流层顶的云砧附近及云下都出现了较强的下沉气流，下沉气流随着上升气流的发展加强而加强，至 39 min 时达极大值 25 m/s。在模拟 25～37 min 阶段内，风暴内的上升运动加速很快，最大上升运动从 9 m/s 加速到 44 m/s，这说明热力不稳定很强。最大上升运动在维持一段时间（34～44 min）的高值后（大于 30 m/s），呈阶梯状迅速衰减，整个模式区域的上升对流运动减弱。随着风暴上升运动的发展，下沉对流也随之发展并与上升运动呈现出准一致位相（或稍晚），即上升运动发展强盛后，下沉运动随即达到最大。

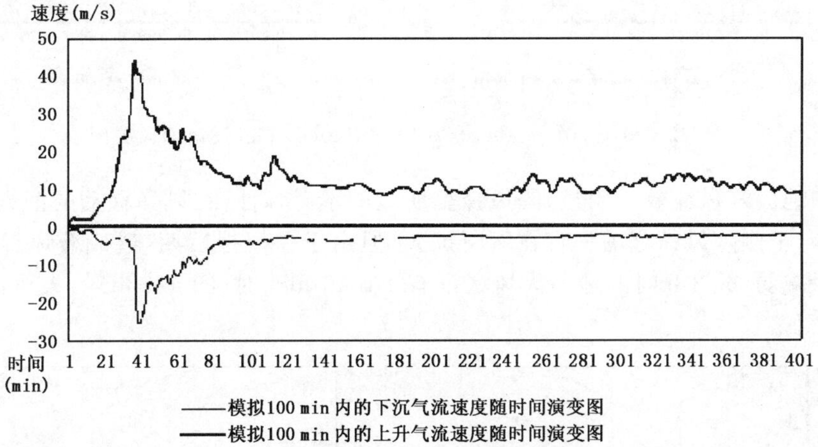

图 4.31　模拟 400 min 最大下沉速度和最大上升速度随时间变化图

图 4.32 和 4.33 分别为模式模拟出的近地面水平风矢量图和风速图，从图中可以清楚看出此次强天气过程中地面风场的变化情况：模拟 50 min 以前，模式范围内低层出现了风场辐合现象（图 4.32a），结合图 4.33a 的相应位置可以看出，此时的风速不大，只有几米/秒；随后 20 min，地面的辐合增强，但是风速却达不到大风量级（图 4.32b 和图 4.33b）。从模拟 50 min 开始，模式范围内出现了风场辐散现象（图 4.32c），且强度不断增强，范围不断扩大，同时，近地面风速较大，达到大风量级（图 4.33c）。模拟 5 h 后，地面风场基本恢复。

模拟分析表明，模拟初期，风暴处于上升发展时期，在风暴中心之下，由于抽吸效应，出现了较大范围的补偿性辐合运动，模拟 50 min 后，云下的下沉气流到达地面附近并与地面撞击后形成强烈的水平辐散，这种辐散在此后持续较长时间，影响的范围不断扩大，强度也有所增强。分析还表明，由风暴抽吸效应引起的近地面辐合风比下沉气流造成的水平辐散效应弱，辐合效应造成的风速达不到大风量级，而下沉气流所造成的低空最大风速超过 20 m/s。强下沉

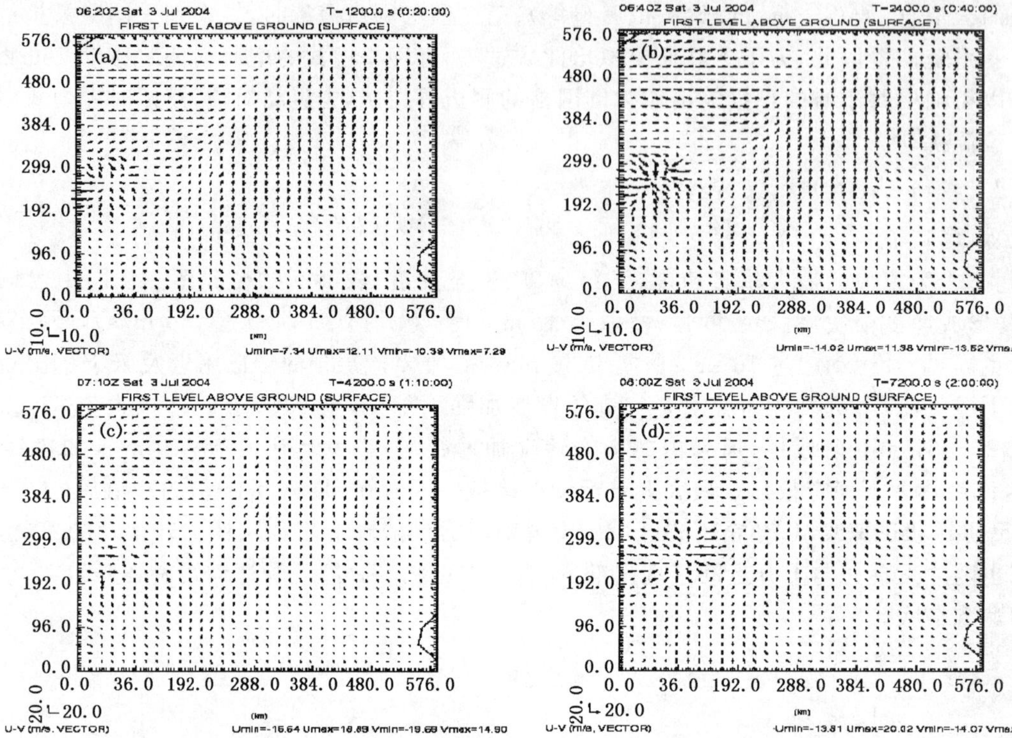

图 4.32 模拟 20(a)、40(b)、70(c)和 120(d) min 近地面风矢图

气流所造成的地面阵风锋效应明显，阵风锋呈明显的不对称性，在风暴移动的前方，风速大，阵风锋强。此外，虽然阵风锋范围一直在不断扩大，但由于在模拟后期，造成阵风锋效应的下沉气流已经有所减弱，故 3 h 时的地面大风区没有 1 h 40 min 时(图 4.33d)的大风区完整，强度也略有减弱(图略)。

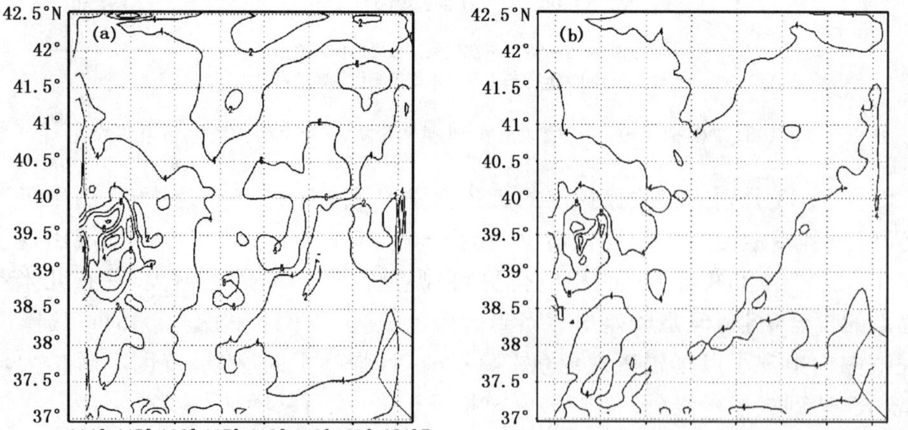

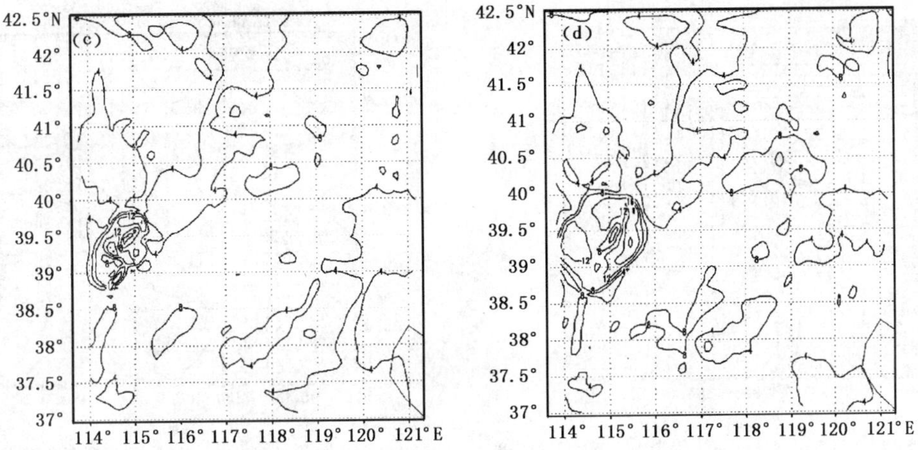

图 4.33　模拟 20(a)、40(b)、80(c)和 110(d) min 时近地面风速图(m/s)

(2)近地面温、压、湿场特征

图 4.34 和 4.35 分别是模拟 40 和 90 min 近地面温度、比湿与风矢量场对比变化情况，从中可以看出，模拟 50 min 前，近地面风的辐合处的温度较高(约为 26℃，图 4.34a)、比湿较大(约为 18 g/kg，图 4.35a)；而模拟 50 min 后，随着地面风变为辐散风，其辐散中心的温度开始降低、湿度开始减小，并且随着辐散风的增强，气温不断减小，湿度不断降低，到了 90 min 时，风暴处于最强盛时期，地面降温至极小值(约为 14℃，图 4.34b)，比湿也达到最小(约为 11 g/kg，图 4.35b)；随后风暴强度开始减弱，使得辐散风造成的降温、减湿强度减弱，直至大风结束，降温、减湿效应也随之消失(图略)。以上分析表明，随着雷暴大风风暴云的发展加强，地面温度逐渐降低、湿度减小，这是由于下沉气流在下落的过程中蒸发冷却，吸收潜热使环境温度降低、水汽含量减少，这种干冷空气到达地面后使地面温度降低、气流变干。

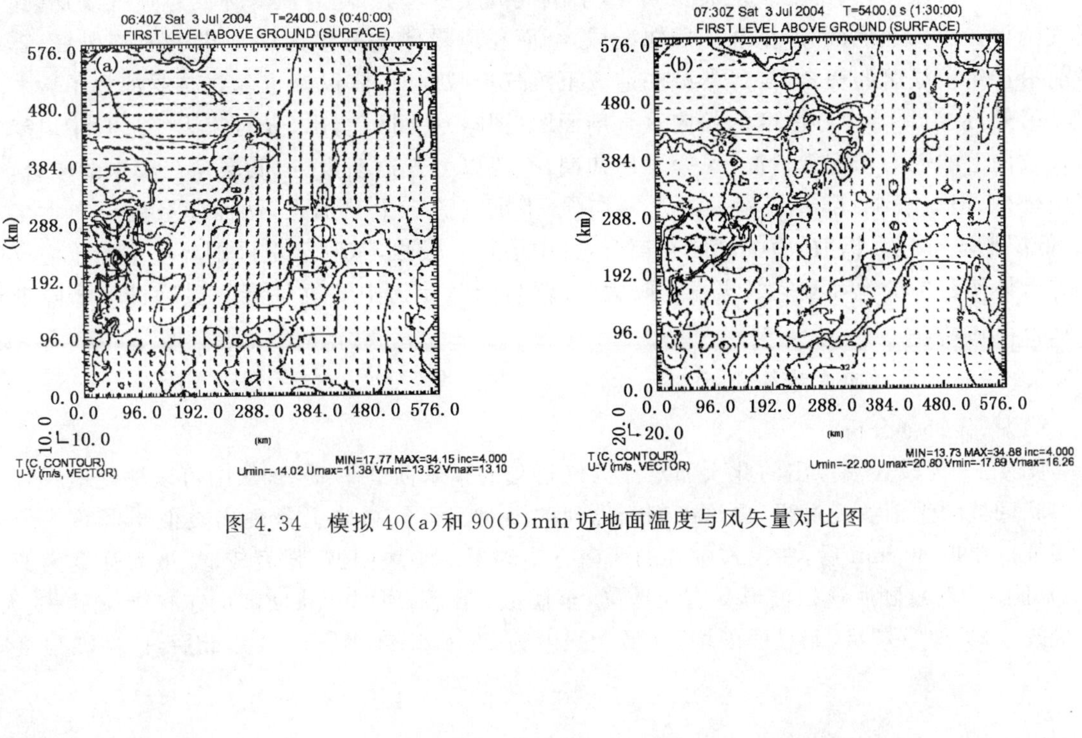

图 4.34　模拟 40(a)和 90(b)min 近地面温度与风矢量对比图

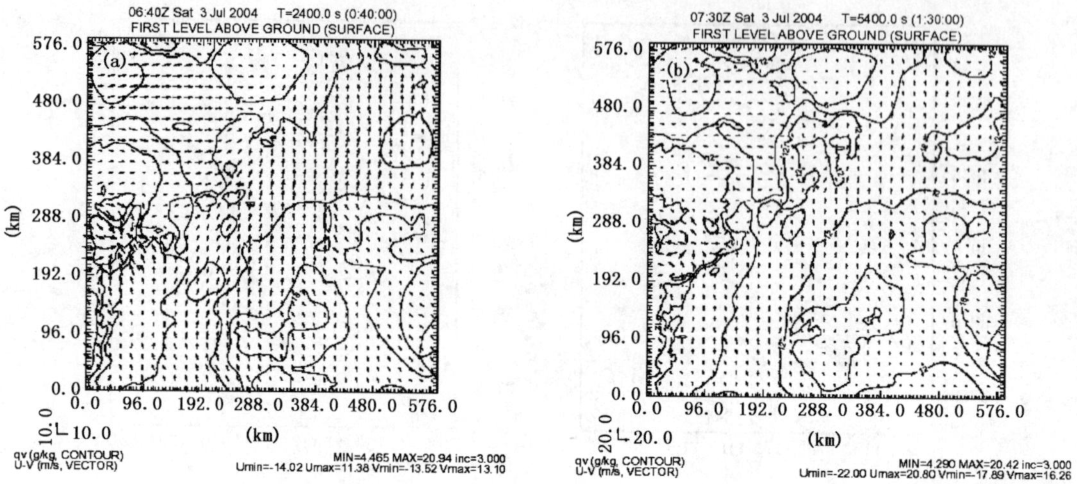

图 4.35　模拟 40(a)和 90(b)min 近地面比湿与风矢量对比图

(3)地面散度场特征

图 4.36 为近地面散度场和风矢量对比分布图，从图中可以看出强对流天气过程中地面的散度变化与风场演变情况对应非常好：模拟 50 min 前，地面的风场为辐合，散度场为负值，且强度较弱(图 4.36a)；模拟 50 min 后，风场发生变化，转为辐散风，与之相对应的散度场变化也很明显，散度场呈现出两层分布，即外围为辐合带，其内紧包着若干个辐散高值中心，散度值增强(图 4.36b)；随后，风场辐散与阵风锋的加强，使得该结构变成“环”状配置，外围辐合连成一体，辐散范围变大，位置往东南移动，强度变得更强(图 4.36c)；模拟 100 min 后，影响范围扩大，但是辐散强度减小(图 4.36d)；模拟 4 h 后，辐合辐散带继续向东南移动，但是移动范围变窄，强度也减弱了(图 4.36e)；此后该配置逐渐消失不见。

上述分析表明，风暴处于发展初期时，下沉气流发展较弱，随着风暴体的迅速发展加强，下沉气流加强并到达地面，产生强烈的辐散风，继而在风暴体前方形成向前推进的阵风锋，阵风锋前沿产生了显著的辐合，当风暴减弱造成下沉气流减弱时，阵风锋也随之减弱消亡了。

另外，从沿风暴中心散度的纬向垂直剖面图(图略)中可以看出，强对流天气过程中风暴体垂直方向上的动力场配置情况：风暴发展初期，气流以上升运动为主，低层存在较强的辐合，中高层辐散，但是较弱；随着风暴云的发展加强，下沉气流产生并加强，从而使散度分布发生变化，低层变成有较强辐散，而中高层有辐合，且中层辐合较强，有利于把周围环境中的干空气吸卷进云体使云中的饱和湿空气蒸发吸收大量潜热，同时使云中下沉气流的温度进一步降低产生强下沉运动。

4.6.3.3　模拟雷达回波特征分析

(1)平显特征分析

图 4.37 为模式模拟出的此次强对流天气过程的雷暴回波平显图，从中可以清楚地看到一次弓状回波的生消演变过程，也可以判断出现的强对流天气总体上呈现出类似于弱飑线的演变特征。模拟 30 min 后，在模式中心的西南方出现了一小块回波，强度较弱(最大强度为27.1 dBz)(图 4.37a)；随后该回波形状有所改变，至模拟 2 h 后，原“块”状回波向东扩展，范围变大、形状改变，类似“弓”状，而且强度增强(最大强度为 55.4 dBz)(图 4.37b)；此后，该回波强度减

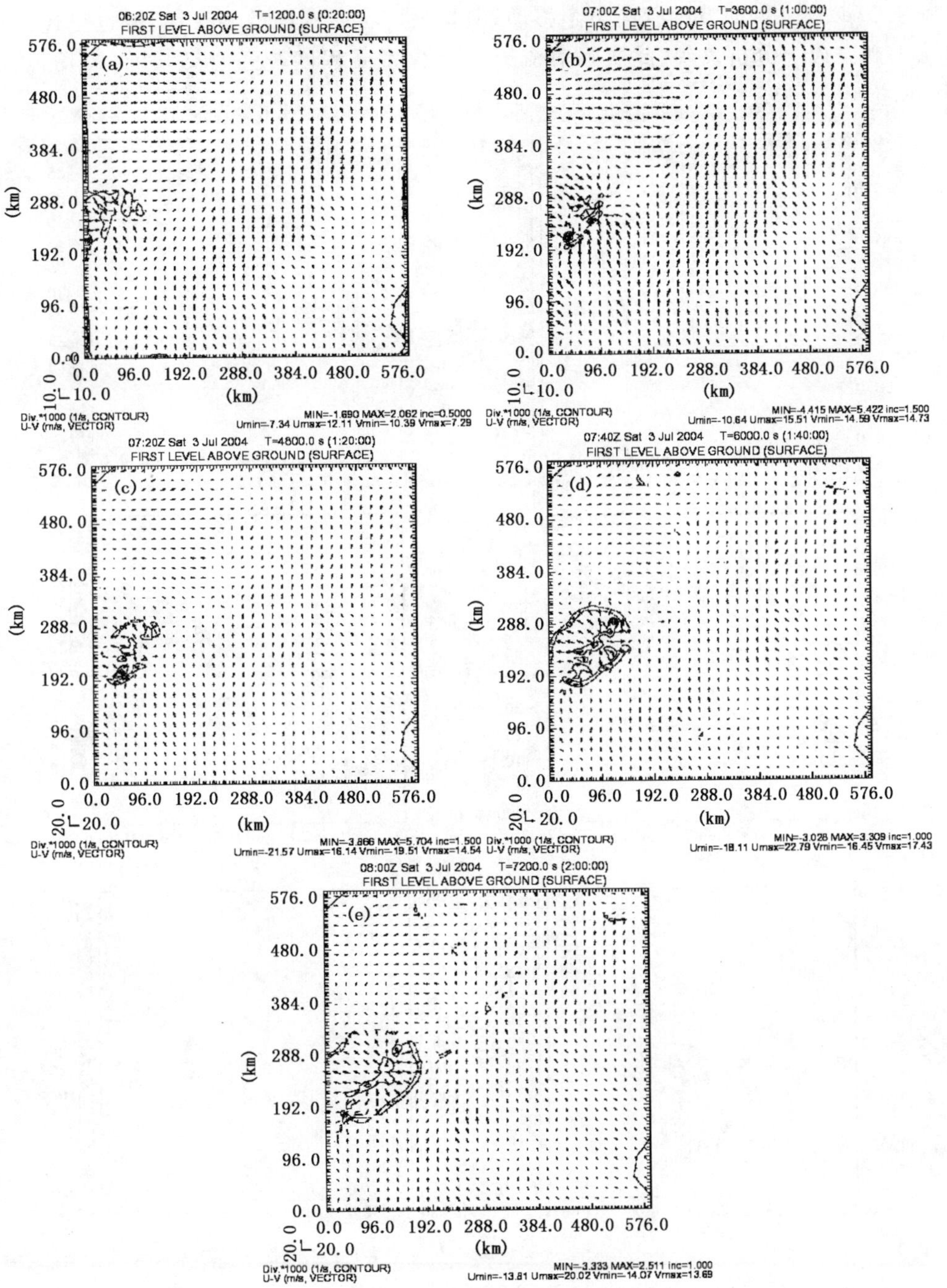

图 4.36　近地面散度场和风矢量对比分布模拟

(a：20 min；b：60 min；c：80 min；d：100 min；e：120 min)

弱，同时在该回波的东北方出现了几个分散的“块”状回波，强度中等，但数值大小有增强趋势(图 4.37c)；模拟 6 h 后，东北方的原来多个孤立的小回波向东移动，汇集成一个大回波，状似“弓”形，而且强度增大(最大强度为 55.2 dBz)(图 4.37d)；模拟 8 h 后，南北两个弓状回波继续向东南移动，而且合并为一个更大范围的“弓”状回波，但是强度有所减弱(最大强度为 55.1

dBz)(图 4.37e)；此后，回波继续向东南移动，但是“弓”状回波消散不见，强度也呈递减趋势变化(图 4.37f)。以上分析表明，此次强对流天气过程发展程度较强，持续时间较长，从西北向东南移动，影响范围较大。

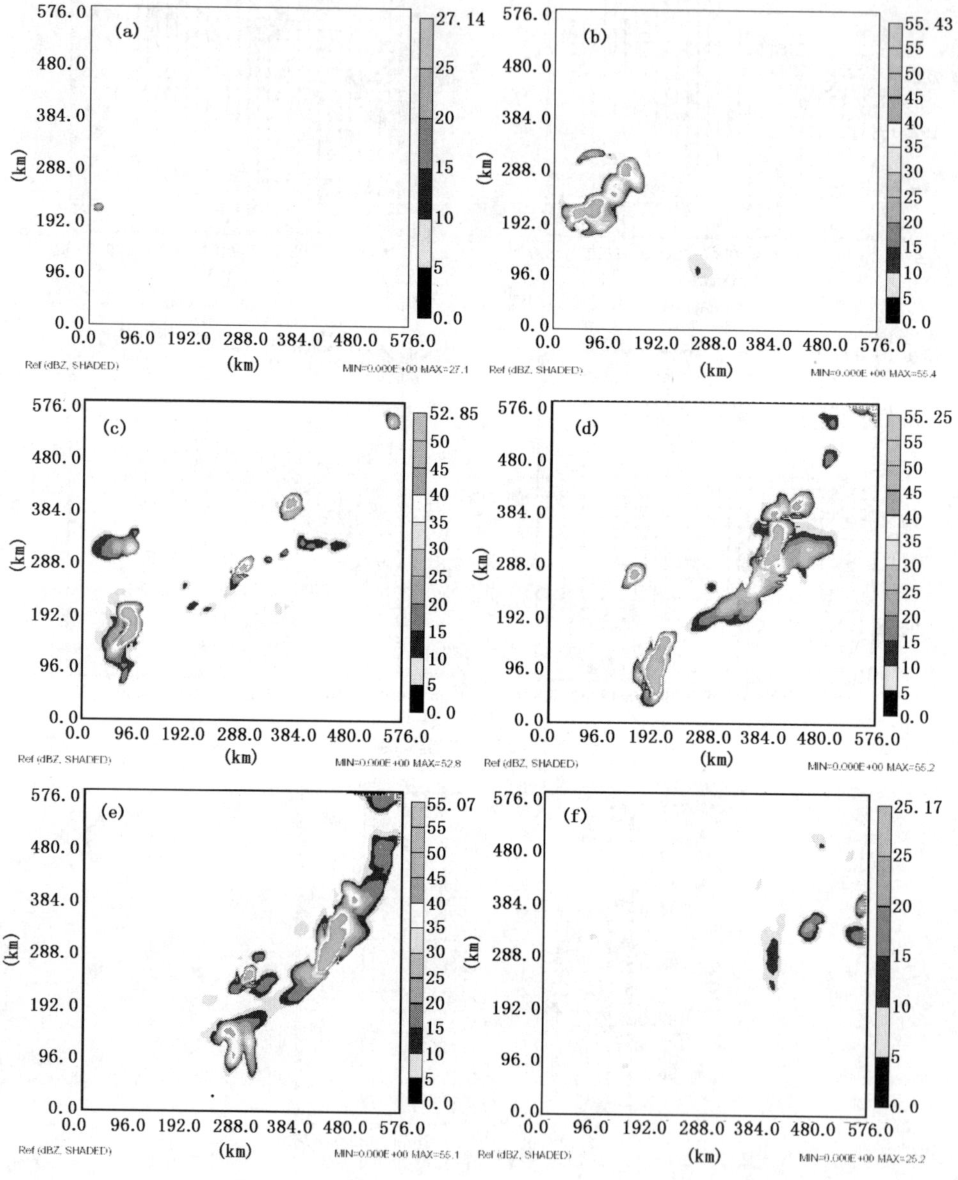

图 4.37　模拟 30(a)、120(b)、240(c)、360(d)、480(e)和 720(f) min 雷达平显回波图(单位：dBz)

(2)模拟高显特征分析

图 4.38 是过风暴中心点，模拟的雷达回波高显图。从图中可以看出“钩”状回波在整个强对流天气过程中的演变情况：模拟前 50 min，风暴中心的气流以上升运动为主，雷达回波显示为柱状，且回波没有及地(图 4.38a)；模拟 50 min 后(以 110 min 图为例)，随着风暴的发展加强，风暴中心的上升气流加强，从而使风暴云体变厚、变宽，云砧结构出现，云下下沉气流不断增强，使得雷达回波显示为“钩”状及地回波，且出现了弱回波区(图 4.38b)；此后，上升气流和

下沉气流均呈递减趋势变化，“钩”状的雷达回波逐渐消散，强度也减弱(图略)。以上分析表明，该对流风暴形成速度较快，发展强度较强，伸展高度较高，而且强风暴形成过程中云体出现了强大的云砧，雷达回波的高显中出现了“钩”状回波和弱回波区，这将有利于强对流天气的发生。

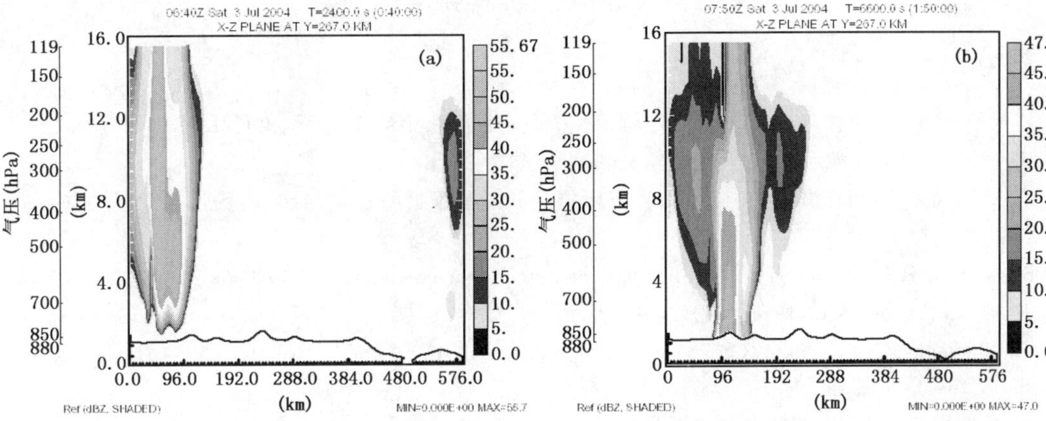

图 4.38　模拟 40(a)和 110(b)min 时，过风暴中心的雷达回波高显图(单位：dBz)

4.6.3.4　模拟结果与实况结果对比

由表 4.3 内容可以看出，模拟出的雷暴大风位置比实际的地理位置偏北、偏西，这可能是由于资料的问题造成的。初始场处理时没有运用雷达资料和卫星资料，缺乏云的微物理信息，导致“SPIN-UP”现象的部分存在。虽然雷暴大风位置有偏差，但是对整个雷暴大风的演变过程中各物理量场的空间和时间变化情况以及有利于其发生发展的环境条件的模拟还是较成功的。

表 4.3　雷暴大风实际资料模拟结果与实际值的比较表

对比内容	模拟结果	实际结果
雷暴大风位置	39.5°N,115.0°E	39.8°N,116.47°E
地面最大辐散风速(m/s)	24	20
地面最大降温(K)	−8.5	−5.0
地面最大升压(hPa)	5.0	3

4.6.3.5　小结与讨论

本节对一次典型雷暴大风的生消演变过程进行了理想化的模拟分析研究，理论模拟试验表明 ARPS 强风暴模式较好地模拟与该不稳定结构对应的雷暴大风的生消演变，模拟结果与实测值吻合较好。敏感性试验表明：近地面层增温、增湿有利于雷暴大风的发生、发展；对流层中层干燥度加大有利于雷暴大风的加强；对流层中低层的风切变较大，有利于形成雷暴大风。

实际资料的模拟和诊断分析研究表明：ARPS 强风暴模式能较好地模拟此次雷暴大风的生消演变过程以及此过程中的风、压、温、湿、涡度、散度和雷达回波的变化过程，模拟出的雷暴大风位置比实际的地理位置偏西北，主要原因可能是资料的精确度和种类欠缺造成的，因而在各种资料条件具备的情况下，利用ARPS模式准确模拟北京地区局地雷暴大风还是可能的。

本节的模拟研究表明，雷暴大风产生过程是对流下沉运动的发生发展过程，这一过程包含的许多物理过程与下沉对流有效位能描述的内容非常一致，影响下沉有效位能的关键因子在模拟显示的物理过程均能得到体现，这也验证了下沉对流有效位能作为下沉对流运动潜势是一个物理过程复杂，但又非常明确的内涵十分丰富的物理量。

参考文献

[1] 施望芝，崔春光，谌伟等. NWP产品在强对流天气诊断分析中的应用. 气象科技，2006，**34**(2)：124-131.

[2] 丁一汇. 高等天气学. 北京：气象出版社，1991：311.

[3] 刘玉宝，周秀骥，胡志晋. 强对流风暴数值模拟及其未来预报的若干问题. 应用气象学报，1994，**5**(4)：418-427.

[4] Srivastawa R C. A simple model of evaporatively driven downdraft: Application to microburst downdraft. *J. Atmos. Sci.*，1985，**42**：1752-1773.

[5] Fei Shiqiang，Tan Zhemin. On the helicity dynamics of severe convective storms. *Adv. Atmos. Sci.*，2001，**18**(1)：67-86.

[6] 刘峰. 一次强对流天气过程的诊断分析和数值模拟. 气象，2008，**34**(2)：18-24.

[7] 何宏让，章立标，桂祈军等. 强对流天气的数值模拟试验. 解放军理工大学学报，2000，**1**(4)：5-10.

[8] 隋东，沈桐立，张涛. 沈阳地区一次冰雹天气过程形成机制的数值模拟. 气象，2005，**31**(7)：20-23.

[9] 席世平. 中尺度地形对河南省强对流天气影响的数值模拟和诊断分析. 南京信息工程大学硕士论文，2007.

[10] 张强，康凤琴，孙旭映等. 冰雹和冰雹云. 北京：气象出版社，2006.

[11] 周后福，郑媛媛，邱明燕. 基于数值模式和多普勒雷达的强对流天气预报技术. 气象科技，2007，**35**(5)：637-641.

[12] 李耀东. 对流发生环境诊断及京津地区强对流数值模拟研究. 中国科学院大气物理研究所博士论文，2008：2.

[13] 周后福，翟菁，邱明燕等. 安徽2006年4月强对流天气成因分析及其预报技术. 2006年灾害性天气预报技术论文集，北京：气象出版社，2007：120-127.

[14] 赵思雄，张立生，孙建华. 2007年淮河流域致洪暴雨及其中尺度系统特征的分析. 气候与环境研究，2007，**12**(6)：713-727.

第 5 章　强对流天气的短时预报技术

强对流天气的短时预报主要提供强对流天气的潜势预警，同时可以为临近预报提供较长时间的背景预报。

5.1　主要技术思路和技术流程

利用大气探测资料，分析强对流天气的天气学诊断指标，结合中尺度区域数值模式的应用，实现安徽省强对流天气（冰雹、雷暴大风）的 0～12 h 预报。强对流天气的短时预警系统以安徽省为研究范围，以汛期为主要研究时段，采用不稳定条件和能量条件的研究成果，定时运行数值预报模式，得到强对流天气的预警效果分布图。总的研究思路是：以双层嵌套网格的非静力中尺度 MM5 模式，即区域预报模式 MM5 的数值预报产品为基础，根据每日定时（08 时、20 时）输出的各种气象要素，依据相关的不稳定指标和能量指标的结果，得出强对流天气的预警指标及其色斑图，据此估算强对流天气的落区及其可能性大小。自行编制有关不稳定指标或能量指标的计算程序，达到每日自动启动数值模式、运行强对流天气的计算程序并出现预警结果的目的，完成强对流天气的 0～12 h 短时预警系统。

5.1.1　主要技术思路

主要采用地面气象资料确定强对流天气过程，利用安徽省阜阳、安庆探空站，并结合周边地区的徐州、南京等探空站的 1995－2003 年 3－8 月份的探空资料，计算对强对流天气有诊断意义的不稳定指标、能量指标及其综合指标；根据多年强对流天气的实例，确定和找出不稳定指标、能量指标的阈值，并计算强对流天气现象（冰雹、雷暴大风）的历史拟合率；按照小概率事件的检验参数对不稳定指标、能量指标进行评估；利用 MM5 模式输出资料，计算各种强对流天气的指标，按指标阈值分别确定 1 或 0，缺测时按照确定的原则给出一个数据，最后得出各个网格点的累加值，形成强对流天气的预警结果（即预警指标）。

5.1.2　主要技术流程

（1）收集资料

收集以下 3 类资料：①由 1995－2003 年 3－8 月份地面气象观测资料得到的安徽省强对流天气（冰雹、雷暴大风）的个例，作为确定强对流天气的基础性数据；②1995－2003 年 3－8 月份的安徽省阜阳、安庆探空站的资料，以及安徽周边地区的徐州、南京等探空站资料，作为计算不稳定指标、能量指标的数据；③近年来 T213 的信息产品资料，作为中尺度数值预报模式的初始场和背景场。

(2)寻找指标

不稳定指标、能量指标都对强对流天气的分析诊断有一定意义,然而不稳定指标、能量指标的种类都很多,不稳定指标如 *SI* 指数、*K* 指数、*A* 指数、风暴强度指数 *SSI*、螺旋度 *SRH*、大风指数 *WI*、抬升指数 *LI*、对流潜势指数、位势不稳定指标、粗里查森数等;能量指标如有效位能(对流有效位能、归一化有效位能、下沉对流有效位能、对流抑制能量)、位势不稳定能量、能量平衡高度等。从不稳定指标、能量指标中寻找适合安徽强对流天气的指标,经过比较试验和筛选,确定 *K* 指数、*A* 指数、*SI* 指数、螺旋度、位势不稳定指标、位势不稳定能量、能量平衡高度、对流有效位能等作为本项目的指标。其中在进行强对流天气的不稳定指标、能量指标分析时,采用了 *K* 指数、*A* 指数、螺旋度、位势不稳定指标、位势不稳定能量、能量平衡高度等指标;在模式模拟之后的计算过程中,采用了 *K* 指数、*A* 指数、*SI* 指数、位势不稳定指标、对流有效位能等指标。

(3)计算拟合率

利用多年来的历史资料,依据确定的各个指标的阈值,根据指标值结果计算历史拟合率。每个指标都有相应的阈值,相应地满足阈值要求的历史个例,与总体样本数的比例就是各个指标所对应的历史拟合比例,即历史拟合率。

(4)参数评估

用小概率事件的指标来进行参数评估。小概率事件通常用临界成功指数 *CSI*、探测概率 *POD* 与虚假报警率 *FAR* 等来评估,这 3 个指标可以较好地评估强对流天气的预测预警效果。3 个指标大小的具体含义是:临界成功指数 *CSI* 越大,说明强对流天气的预报效果越好,反之越差;探测概率 *POD* 越大,说明强对流天气的预报效果越好,反之越差;虚假报警率 *FAR* 越小,说明强对流天气的预报效果越好,反之越差。

(5)中尺度模式运行

基于美国 PSU/NCAR 开发的非静力中尺度数值预报模式 MM5 作为数值模拟工具,利用模式输出的格点值,计算对流指标参数。基于 T213 输出的信息产品资料,作为中尺度数值预报模式 MM5 的背景场和初始场,每日定时运行 MM5 模式,得到 MM5 模式的运行结果,即各种物理量输出场。

(6)结果输出

以 MM5 模式提供的 MM5toGrADS 模块为依托,编写计算各指标的计算程序。利用 GrADS 作图工具,绘制各种指标时序图。时序图选取的站点为阜阳、宿州、蚌埠、宿州、合肥、安庆、黄山。其中阜阳与安庆是安徽省的两个探空站,上述指标阈值主要是根据安徽省及周边省份探空站资料建立的各个指标与安徽省强对流天气的多年统计关系得到。制作了沿116°E、117°E、118°E 的时序图,用以显示这些指标在各个纬度上的变化情况。

以 MM5 模式的输出结果为基础,依据各种指标(包括 *K* 指数、*SI* 指数、*CAPE* 对流有效位能、位势不稳定指数)的程序计算每种指标的具体数值。根据各指标的阈值,计算各种指数在模拟区域格点上的累计结果。根据多年历史资料,确定每种指标的阈值,高于该阈值的取为 1,否则取 0,并对缺测情况下的取值做出规定。每天运行模式一次,得到所有指标所对应的累加值,即强对流天气的预警结果,这种结果称为预警指标。这种预警结果表征着强对流天气发生的可能性大小,数值越大,说明发生强对流天气的可能性越大;数值越小,说明发生强对流天气的可能性越小。形成的结果以图像形式呈现[1]。

强对流天气短时预报技术流程图如图 5.1 所示。

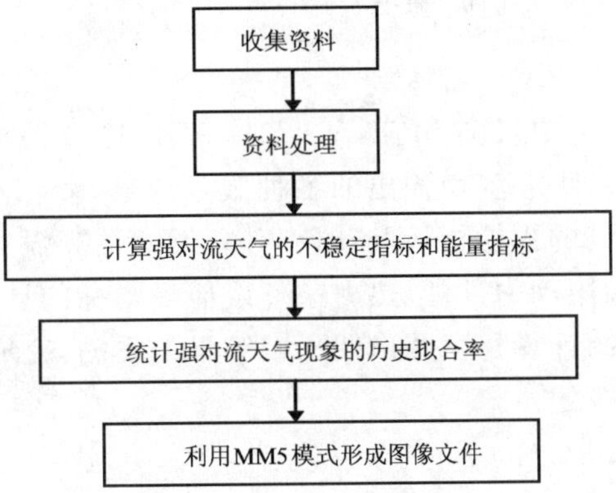

图 5.1　技术流程框图

5.2　指标选择分析

目前对强对流天气进行预报的有效手段依然是不稳定指标、能量指标，以及包含各种参数的综合指标。不稳定指标包含 A 指数、K 指数、位势不稳定指标、沙氏指数、不稳定指标 $\Delta\theta_{se}$；能量指标包含能量平衡高度、位势不稳定能量、对流有效位能 $CAPE$；综合指标包含大风指数 WI、螺旋度 SRH。另外，用数值预报进行预警的综合指标称为预警指标。

预警指标是以图形方式提供的强对流天气的数值预报模式短时预警结果。根据对多年的强对流天气实际资料的比较，以及和模式接口计算程序的实际状况，同时考虑到要选用不稳定指标、业务常用指标、能量指标等的要求，所以选取了 4 个计算指标，它们分别是 A 指数或 K 指数、位势不稳定指数 RI、沙氏指数 SI 和对流有效位能 $CAPE$，其阈值要求分别为：$A\geqslant 10$℃或 $K\geqslant 35$℃，$RI\geqslant 2.75$，$SI\leqslant -3$，$CAPE\geqslant 400$ J/kg。由于是针对模式来计算的，因此是以格点为基础的。满足阈值要求的格点值相应指标取 1，否则为 0。数值模式自身具备一定的判断能力，对于超出常规范围的值，模式在该格点标记为－9999，相当于缺测。如果把缺测值作为 0 来处理，做法简单，计算方便，但是可能损失了有用的信息。缺测值出现的机会比较少，而且对于一个格点来说，往往缺测 1～2 个指标，如果丢失了这部分数据，在作图时会出现空白，导致图像失真。为此，采取利用格点上其他有效信息来弥补这种损失。具体做法如下：对于每一个缺测格点而言，其数值大小取决于格点上有效信息的数值比例。假定缺测数据为 m 个（$m<4$），则有效数据为 $4-m$ 个。有效数据中 1 的个数为 n，则有效信息的比例 k 为：$k=\frac{n}{4-m}$。由于有 m 个缺测数据，因此有效信息应该为 km，即 $\frac{mn}{4-m}$。

5.3 0～12 h 强对流天气预警系统

以双层嵌套网格的非静力中尺度 MM5 V3.7 模式，即区域预报模式 MM5 的数值预报产品为基础，根据每日定时（08 时、20 时）输出的各种气象要素，依据相关的动力条件、热力条件或能量指标，得出强对流天气的预警指标及其色斑图，据此估算强对流天气的落区及其可能性大小。自行编制或者直接利用动力条件、热力条件或能量指标的计算程序，达到每日自动启动数值模式、运行强对流天气的计算程序并出现预警结果的目的，完成强对流天气的 0～12 h 短时预警系统。

5.3.1 模式设置

选用在我国广泛使用的由美国 PSU/NCAR 联合开发的非静力中尺度 MM5 V3.7 模式作为数值模拟工具。模式选择 31°N、117°E 作为数值实验区域中心，模拟区域采用两重双向作为嵌套网格，水平分辨率分别为 45 km 和 15 km，格点数分别为 100×100，124×124。模式垂直方向上采用 σ 坐标分为 23 层。模式物理过程在两个区域均选用混合相显式水汽方案、Blackadar 边界层方案、云辐射方案；积云参数化方案在模拟区外层采用 Kuo 方案，内层采用 Grell 方案。

MM5 中尺度模式以非静力平衡作为动力框架。该模式加入了较详细的微物理过程、积云参数化方案、辐射参数化方案、先进的初边值处理技术，提供了多种边界层过程、陆面过程等，可用来模拟强天气过程。在进行模式模拟强对流天气过程时，所用到的模拟范围如图 5.2 所示。

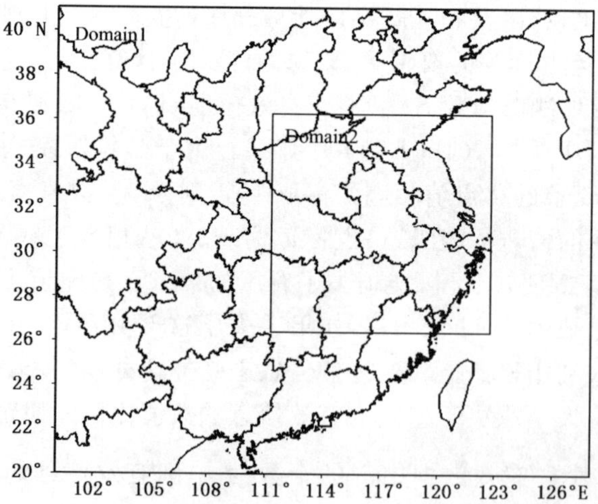

图 5.2 数值模拟的地理范围（内框为细网格的范围）

5.3.2 预警系统制作过程及其流程图

强对流天气 0～12 h 短时预警系统主要依赖于非静力中尺度 MM5 V3.7 模式，采用两重双向嵌套网格，以 31°N、117°E 作为数值试验区域中心。其具体制作过程如下[1]：

①区域预报模式的初始场来源。近几年国家气象中心下发的 T213 数值预报产品、6 h 间隔的地面报文、12 h 间隔的高空报文，两类报文由 MM5 模式自动进行报文处理和翻译。

②数值预报模式的运行。利用每日 08 时或 20 时的 T213 数值产品作为背景场和初始场以及地面、高空资料，提交相关的运行命令，定时启动 MM5 模式的正常运行。

③0～12 h 的计时。由于模式运算结果的不稳定性问题，所以 0～12 h 的计时并不是以模式启用资料时间作为起算点的。考虑到模式运行结果在最初的 4～5 h 之内的不稳定性，因此实际计时是从运行之后 6 h 作为模式的预警计算结果。对于 08 时的资料而言，0～12 h 的预报不是以 08 时作为起算点的，而是对应于 14 时至次日 02 时；对于 20 时的资料而言，0～12 h 的预报也不是以 20 时作为起算点的，而是对应于次日的 02—14 时。

④4 个强对流天气指标的计算。根据对多年的强对流天气业务预报情况和预报经验总结，以及和数值预报模式接口计算程序的实际运行状况，同时要考虑尽量选用不稳定指标、预报常用指标、能量指标等不同类型指标的要求，因此选定了 4 个计算指标。这 4 个指标分别是 A 指数或 K 指数、位势不稳定指数 RI、沙氏指数 SI 和对流有效位能 $CAPE$。4 个强对流天气指标是基于 MM5 模式运行结果或者直接利用 IBM 高性能计算机的 MM5toGrads 运行结果，编制 Fortran 程序进行计算的。

⑤预警指标的计算和显示。预警指标是数值预报模式以图形方式提供的强对流天气的短时预警结果。预警指标的计算是以前面提到的 4 个计算指标为基础的，而且是以格点方式来进行的。它们的阈值分别为：$A \geqslant 10℃$ 或 $K \geqslant 35℃$，$RI \geqslant 2.75$，$SI \leqslant -3$，$CAPE \geqslant 400$ J/kg。达到每个计算指标阈值范围的格点值时相应取为 1，否则取为 0。把各个计算指标格点值进行累加，就得到了预警指标的格点值。通常情况下，各个格点值是个整数值，其数值大小就反映了强对流天气出现可能性的大小。为了业务预报方便，最后形成图形方式的预警结果，用色斑图给出，既客观又形象。色斑图的颜色越深，表示强对流天气出现的可能性就越大；反之，强对流天气出现的可能性就越小。

利用 MM5 进行预警系统的制作，根据前面的描述，其预警系统流程图如图 5.3 所示。

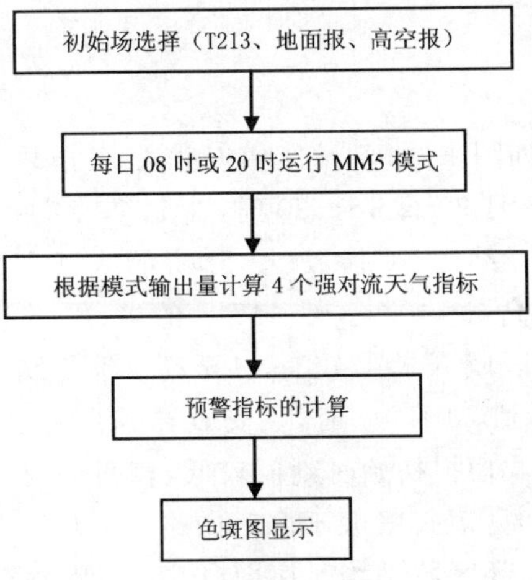

图 5.3　预警系统流程图

5.3.3 预警系统个例分析

这里给出长江以北和沿江江南强对流天气过程的个例分析，长江以北的强对流天气有2003年6月20日、2005年7月16日的2次过程，沿江江南的强对流天气有2003年5月6日、2003年7月6日的2次过程。

5.3.3.1 2003年6月20日江北强对流天气

(1)过程分析

2003年6月20日19时前后，安徽省淮北发生强对流天气，由于缺乏实况资料，本过程以模式结果分析为主。从模拟14—20时降水来看，强降水主要发生在江苏的泗洪附近，安徽省淮北也出现明显降水(图5.4)。20时模拟风场上，在淮北存在明显的风速的辐合以及风向的切变。在淮北北部盛行东南风，风速在4 m/s左右，在淮河以南区域南风盛行，风速在6 m/s左右。

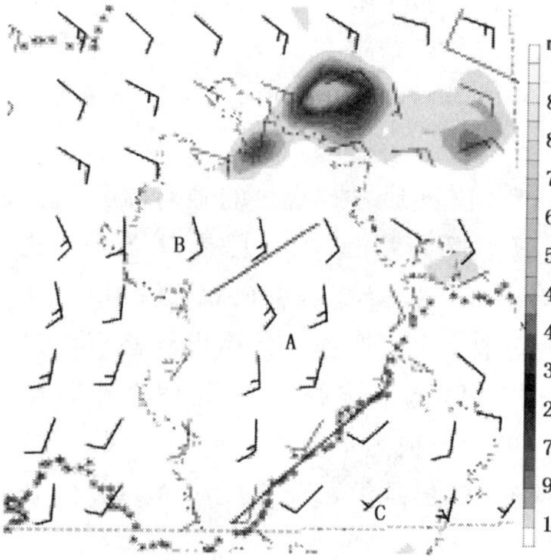

图5.4 2003年6月20日模拟14—20时降水及20时风场

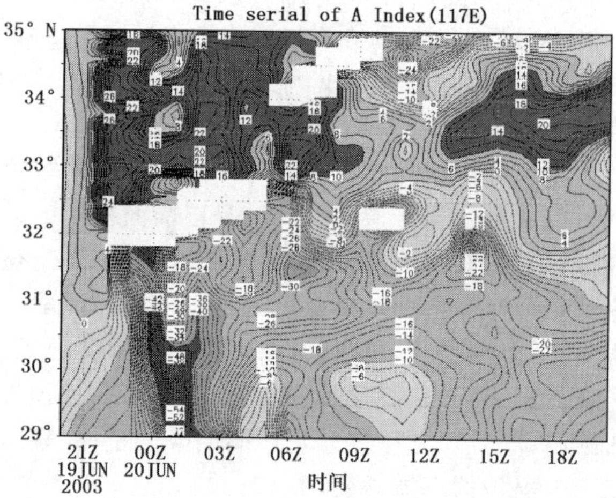

图5.5 2003年6月20日 A 指数时间序列图(117°E)

(2)指标分析

从各单站 A 指数时间序列图来看，各站在模拟时段 A 指数不大，均未超过15℃(图略)。沿117°E时序图上(图5.5)，6月20日16—20时，在33°～34°N之间，A 指数均超过了18℃，在19时前后，达到峰值，高达22℃。K 指数(图5.6)的区域变化与 A 指数相似，在16—20时，33°～34°N之间的 K 值较高，达40℃。沿117°E的 A、K 指数时序图还显示，在模式模拟的初始时刻，安徽省长江以北区域 K 指数较高，甚至高于淮北发生强对流天气的时刻，最高达到50℃。A 指数在19日夜里到20日06时，在安徽省淮北区域，也比较高。与 A、K 指数存在相似的问题，沙氏指数在模式模拟初始时刻值较低，表明19日20时前后，大气层结很不稳定，而在淮北发生强对流天气时，值一般大于−2(图略)。以116°～118°E与32°～34°N包围面积作为安徽省北部区域。北部区域平均时序图(图5.7)依然显示在19日20时前后，安徽省大气层结很不稳定，并且在19日20时—20日20时，位势不稳定指标基本超过了阈值。

根据选取指标阈值，计算格点上预警指标，由沿117°E的预警指标时序图(彩图5.8)可以

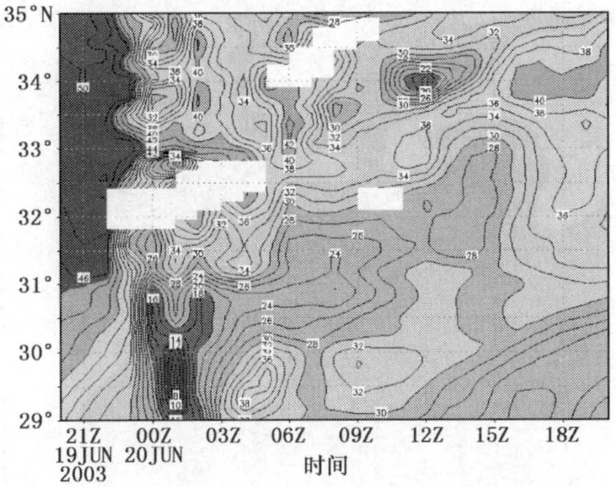

图 5.6　2003 年 6 月 20 日 K 指数时间序列图(117°E)

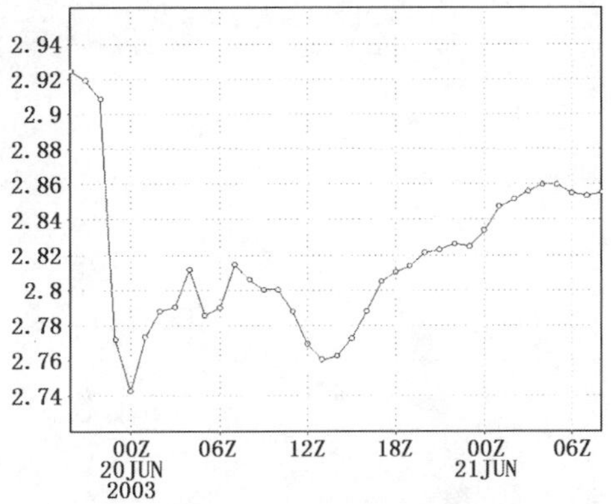

图 5.7　北部区域位势不稳定指标区域平均

看出，从 15 时前后至 20 时，33°N 以北区域预警指标在 3.5 左右。20 日 15 时预警指标分布图上(彩图 5.9)也显示，33°～34°N 范围内，预警指标一般在 3 以上，即选取的指标在这一区域基本满足阈值条件，发生强对流天气的概率比较大。

5.3.3.2　2005 年 7 月 16 日江北强对流天气

(1)过程简介

2005 年 7 月 16 日下午，濉溪县出现雷雨大风强对流天气过程：14—16 时全县普降中到大雨，局地暴雨，2 h 雨量 42.7 mm，其中铁佛镇降水达 50.4 mm；14 时 53 分出现大风，风速为 21.0 m/s。该日淮北市也出现雷雨大风天气，15 时 05 分市区极大风速达 22.3 m/s，风向 WSW，并普降中雨到大雨，全市 0.5 h 最大降水普遍在 20～30 mm。

(2)模拟结果分析

降水的分析从 24 h 降水分布图和 3 h 自动雨量站的降水资料分布图来进行。24 h 降水分布图用来比较 1 日的降水差别，3 h 的自动雨量站的降水资料用来比较模拟降水和实况降水之间的时间早晚。从 24 h 降水实况可以看出(图 5.10a)，雨带主要集中在淮河流域，这次强对流天气给安徽淮北北部带来中到大雨的降水，其中砀山县为暴雨。模拟 24 h 降水区分布与实况接近(图 5.10b)，雨区在淮河以北的中西部和江淮之间的中西部，但模拟的雨量较实况偏大。

对比模式输出 3 h 降水量与自动雨量站 3 h 降水资料可以看出，模式预报降水较实况偏迟，降水过程结束较实况偏早。不过整体上说，模式较好地反映出了降水过程。从模式给出的 16 日 14—17 时模拟 3 h 降水(图 5.11b)可以看出，预报较强降水出现在淮北濉溪、阜阳以及界首一带。对比实况 3 h 降水显示(图 5.11a)，模式虚报了阜阳、界首的较大降水，对于淮北的降水，量级略偏大，雨区的分布与实况很接近。14—17 时正是该日强对流天气发生的时刻，因此模式较好地反映出了这一对流天气过程。

模式结果不仅可以反映出降水的性质，也可以表征强对流天气的其他指标变化现象。根据模式计算选取的不稳定指标和能量指标也可以看出，MM5 模式能很好地反映这次强对流天气过程时的指标变化。考虑到阜阳站是设立在安徽省北部的探空站，这次强对流天气也发生在安徽省淮北地区，因此，针对该个例，此地制作单站时序图时选取阜阳站，而强对流天气发生在淮北市、濉溪县，故用沿东经 117°E 作参数指标时序图来说明强对流天气的指标变化。

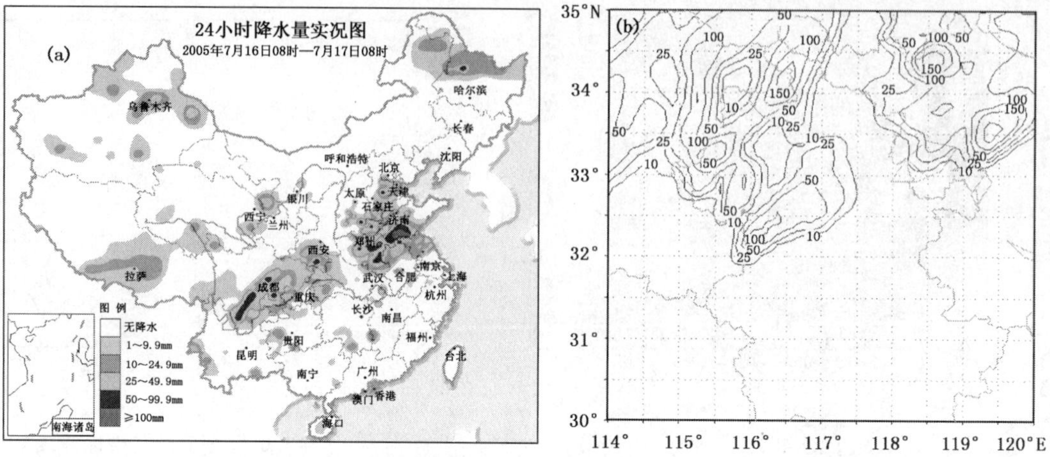

图 5.10 2005 年 7 月 16 日 08 时—7 月 17 日 08 时 24 h 降水比较

（a：实况降水；b：模拟降水）

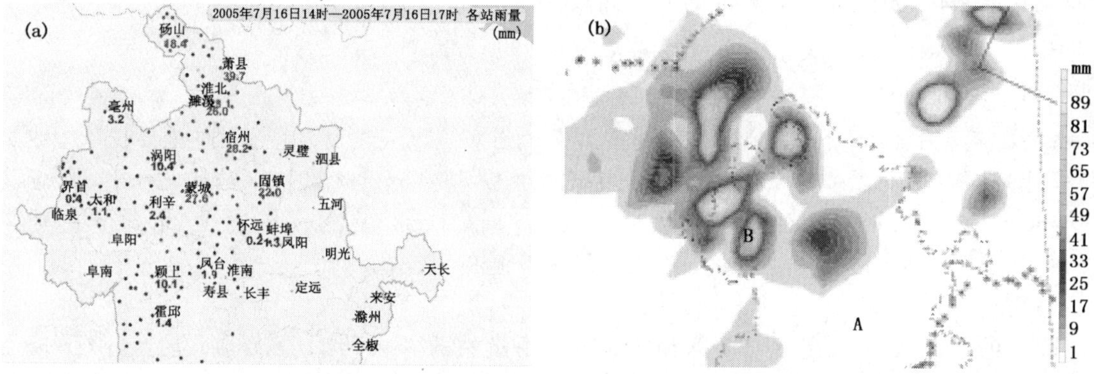

图 5.11 2005 年 7 月 16 日 14—17 时降水比较

（a：实况降水；b：模拟降水）

从阜阳站 A 指数时间序列图（图 5.12a）可以看出，从 12 时开始，A 指数开始稳步增加，到 15 时达到峰值，接近 22℃，表明此刻大气层结很不稳定，同时从过 117°E 的时序图（图 5.12b）也可以看出，15 时前后，在 33°N 附近存在 A 指数的较高区，达 20℃。与强对流天气发生时间对应比较好，这一高值区较出现强对流天气地区的位置偏南。选取距离发生强对流天气较近的单站宿州站的 K 指数进行分析，可以看出 K 指数变化情况与 A 指数相似，都是在 15 时前后出现高值。沿 117°E 时序图上，可以发现 K 指数高值区较实况偏南（图 5.13）。

选取阜阳站和 117°E 时序分析位势不稳定指标，阜阳站的位势不稳定指标随时间的变化与 A、K 指数相似（图 5.14），在 15 时前后达到高峰。沿 117°E 的位势不稳定指标时序图上，分别在 31.5°N、32°N 以及 34°N 附近出现位势不稳定的高值区，而且持续时间比较长，位于 34°N 的高值区与强对流天气发生区比较相吻合，具体的时刻在 11—13 时，较强对流天气发生时刻略偏早，表明该参数对于强对流天气具有一定的指示意义。

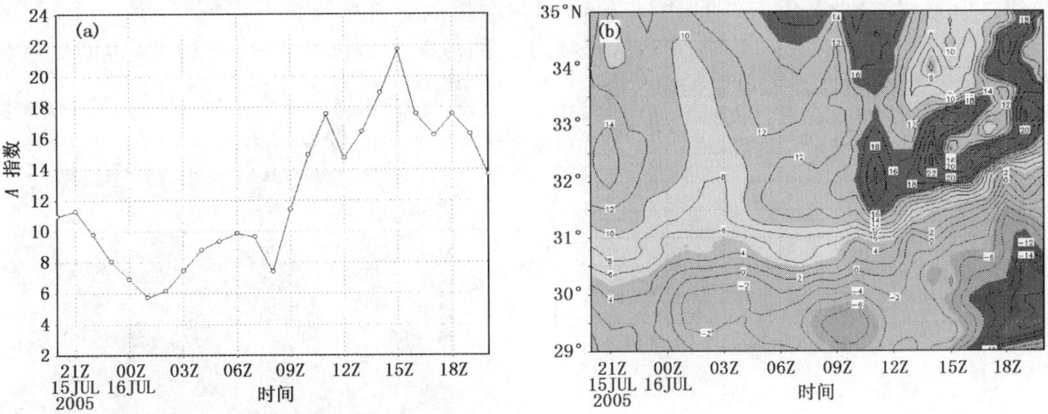

图 5.12　2005 年 7 月 16 日 A 指数时间序列图

(a:阜阳站;b:沿 117°E)

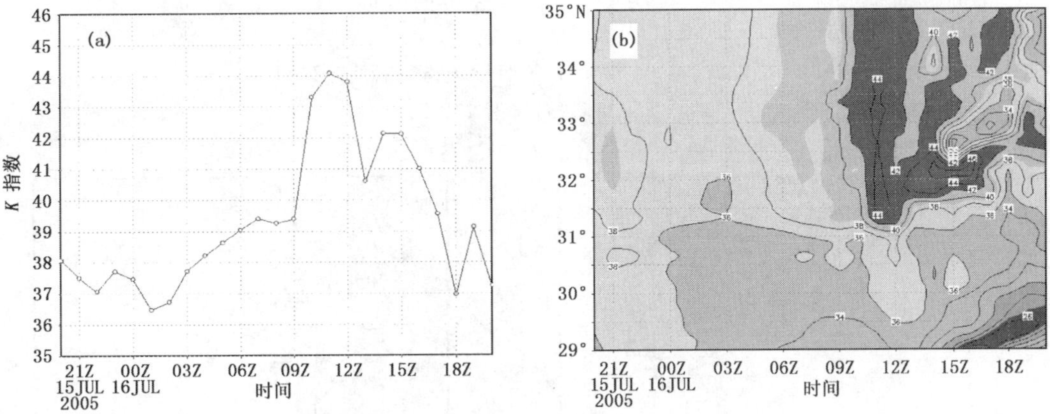

图 5.13　2005 年 7 月 16 日 K 指数时间序列图

(a:宿州站;b:沿 117°E)

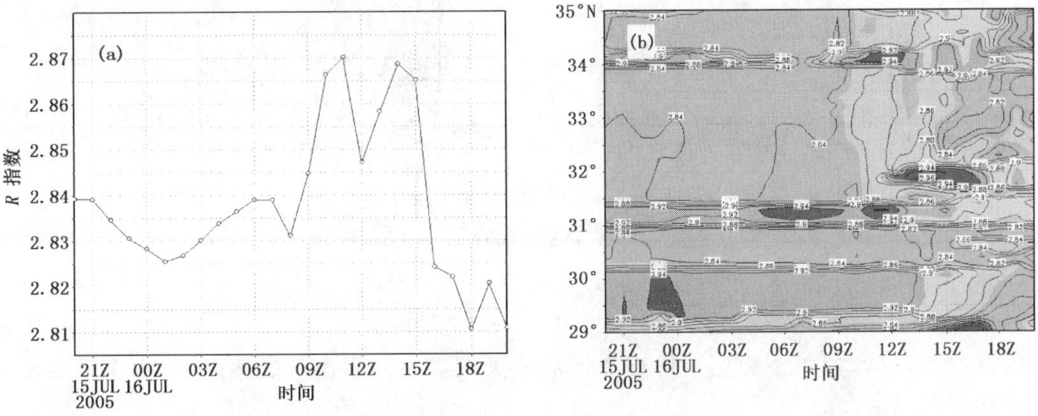

图 5.14　2005 年 7 月 17 日位势不稳定指标时间序列图

(a:阜阳站;b:沿 117°E)

沙氏指数的分析：从凌晨 5 时开始，阜阳的沙氏指数一直维持低于阈值－3℃。沿 117°E 的时序图上(图 5.15)，在 05－17 时，安徽省长江以北的沙氏指数维持在－3℃以下，说明安徽省长江以北区域大气层结异常不稳定，易发生强天气。预警指标分布图(图 5.16)上显示，在 15 日午后，安徽省沿江江北大部分地区综合指标在 3.0 以上，安徽省大部分地区大气层结不稳定。

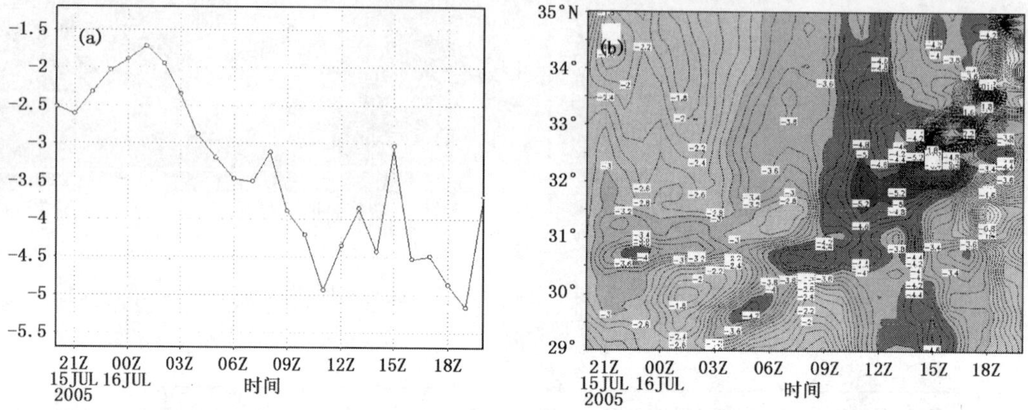

图 5.15　2005 年 7 月 16 日沙氏指数时间序列图

(a：阜阳站；b：沿 117°E)

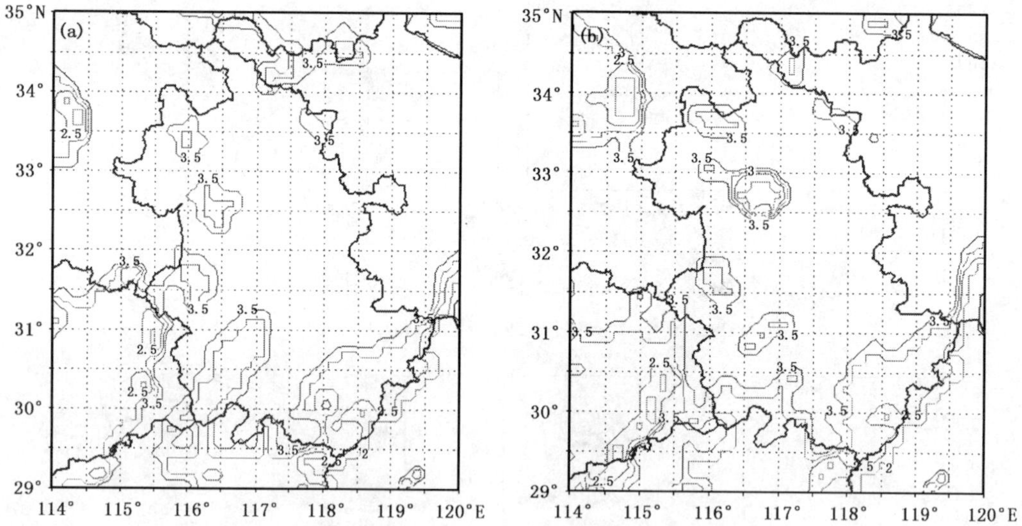

图 5.16　2005 年 7 月 16 日预警指标分布

(a：14 时；b：15 时)

(3)小结

MM5 模式比较好地模拟再现了 2005 年 7 月 16 日的强对流天气降水情况，A、K 指数以及沙氏指数的时间、位势不稳定指标均在强对流天气发生前后出现高值区，对本次强对流天气有较好的指示意义。

5.3.3.3　2003 年 2 次沿江江南强对流天气

以上 2 个个例是发生在安徽省淮北的强对流天气。分析表明，选取的不稳定指标和预警指标对于江北的强对流天气具有一定的预报指示意义，然而对于江南的强对流天气是否具有同样的效果呢？下面选取 2003 年发生在安徽省沿江江南的 2 个强对流天气过程进行分析，选取的 2 个个例情况如表 5.1 所示。表中给出每个个例的发生时间、发生时段和发生区域。

表 5.1　沿江江南强对流天气个例情况

个例时间	发生时段	发生区域
2003 年 5 月 6 日	17—20 时	沿江江南
2003 年 7 月 6 日	15—16 时，20—22 时	江南

用安庆得到的模式结果来说明。图 5.17～5.20 为安庆的各种时间序列图，图中标出了强对流天气的发生时段。它们显示，A、K 指数以及位势不稳定指标对于 5 月 6 日的强对流天气发生具有一定的指示意义，但沙氏指数从模式模拟的初始时刻到强对流天气结束时，一直为正值，即气层比较稳定，这与发生强对流天气的形势不一致。对于 7 月 6 日的强对流天气，选取的指标对强对流天气的预报指示效果不是很明显。比较各指数沿 116°、117°、118°E 的时间序列变化图（图略）显示了与单站时序图基本一致的结果。预警指标分布图（彩图 5.21）显示，5 月 6 日 16 时，在安徽省沿江西部地区，预警指标相对较高，在 2.5 左右，沿江东部基本在 1 左右。7 月 6 日 15 时的预警指标分布图上，整个安徽省的预警指标均较低，仅在安徽与河南以

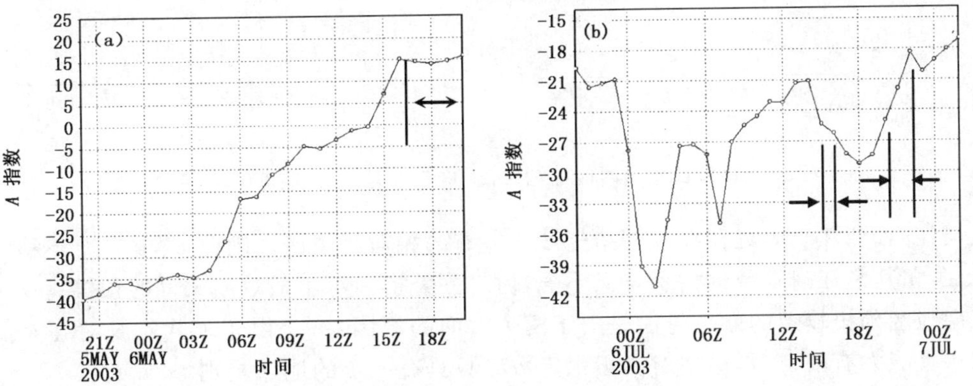

图 5.17　安庆站 A 指数时间序列（a：2003 年 5 月 6 日；b：2003 年 7 月 6 日）

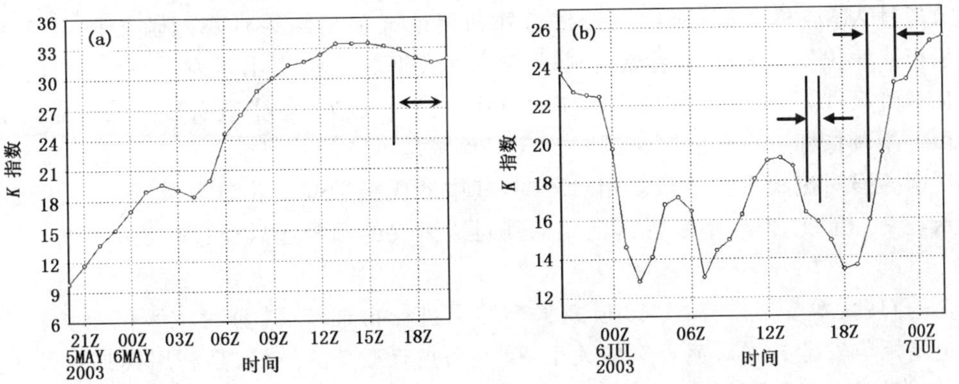

图 5.18　安庆站 K 指数时间序列（a：2003 年 5 月 6 日；b：2003 年 7 月 6 日）

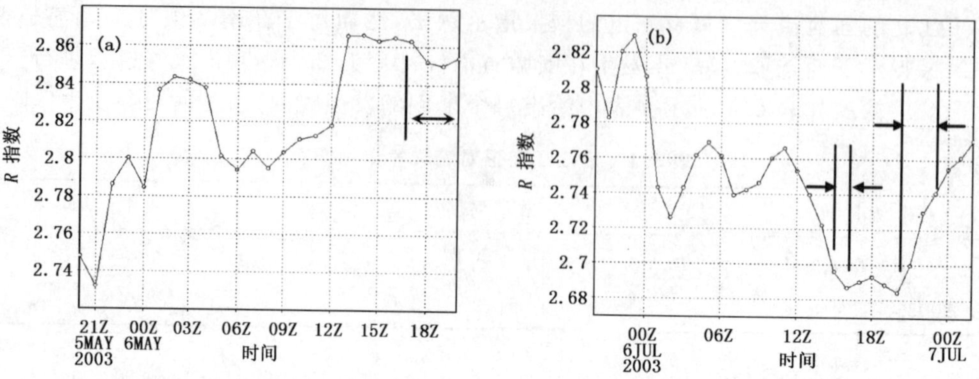

图 5.19 安庆站位势不稳定指标时间序列(a:2003 年 5 月 6 日;b:2003 年 7 月 6 日)

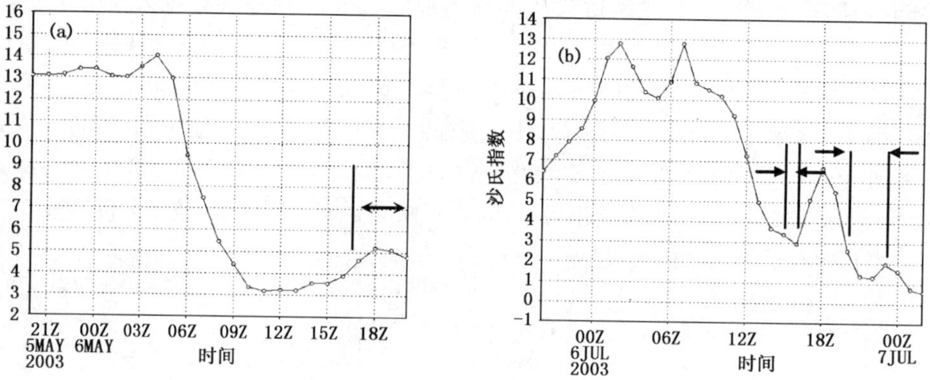

图 5.20 安庆站沙氏指数时间序列(a:2003 年 5 月 6 日;b:2003 年 7 月 6 日)

及安徽与江西、浙江交界处存在预警指标 2.5 左右的相对高值区。因此,尽管几个不稳定指标对于沿江,尤其是江南区域的指示意义不强,但是预警指标对于强对流天气的预报具有一定意义。江南地区预报较差的效果可能是由于两个方面的原因:一是由于模式本身对强对流天气的模拟预报能力有限;二是这些对流不稳定数参数具有一定的地域差别。

5.3.4 小结

本节通过 MM5 模式模拟强对流天气,并利用模式输出结果计算对流不稳定参数指标。通过分析模式输出不稳定能量指标发现,MM5 模式很好地模拟出了发生在安徽省长江以北区域的强对流天气,不稳定能量指标的变化与强对流天气的发生也具有较好的响应关系,表明利用不稳定能量指标进行江北区域强对流天气预警是可行的。目前选取的不稳定能量指标对于沿江江南的强对流天气指示意义相对较弱,其中沙氏指数对于沿江江南强对流天气基本不具备指示意义。因此,对于沿江江南区域的强对流天气的预警还需要进一步的研究,选取合适的参数。

存在的问题:本节工作将 MM5 模式输出结果进行再加工,计算对流不稳定参数指标,分析不稳定指标与安徽省强对流天气的关系,得到一些有意义的结果,是利用模式结果计算不稳定指标进行强对流天气预报的有益尝试。由于模拟个例偏少,目前存在两方面的明显不足,一是阈值的选取是依赖于探空站得到的,而探空站站点稀疏,区域划分比较粗,今后可以根据比较好的模拟结果，给出更为翔实的阈值划分；二是统计意义不足，需要加大个例模拟数量，得出统计结果。

参考文献

[1] 周后福，郑媛媛，邱明燕. 基于数值模式和多普勒雷达的强对流天气预报技术. 气象科技，2007，**35**(5)：637-641.

第6章 强对流天气的监测、临近预报

强对流天气的监测手段目前以雷达、闪电定位系统等自动探测工具为主，同时辅以地面观测和实际调查等手段；临近预报则主要依赖于雷达，因此，其预报技术取决于雷达的技术方法。临近预报技术主要包括雷暴识别追踪和外推预报技术、数值预报技术以及以分析观测资料为主的概念模型预报技术等。其中，识别追踪和外推预报技术主要以雷达资料为基础，在这方面，交叉相关外推和回波特征追踪识别外推是比较成熟的技术，已经用于许多的临近预报业务系统中，其缺陷是预报时效较短，准确率也不是很高。随着精细数值天气预报技术和计算机技术的发展，利用多普勒天气雷达资料和其他中小尺度观测资料进行数值模式初始化，来预报雷暴的发生、发展和消亡已经成为一个研究的热点，该技术发展很快但还不成熟。概念模型预报技术主要是通过综合分析多种中小尺度观测资料，包括雷达和气象卫星资料等，在此基础上建立雷暴发生、发展和消亡的概念模型，特别是边界层辐合线和强对流的密切关系等，再结合数值模式分析预报和其他外推技术的结果，然后建立雷暴临近预报的专家系统，其不但可以获取雷暴和对流降水移动、发展的信息，还可以预报它们的生成和消亡[1]。

6.1 基于闪电资料的强对流天气监测预警

闪电定位资料是雷暴非常有效的监测工具，是云体发展到一定程度的产物。闪电是一种复杂的大气物理现象，是云与云之间、云与地之间和云体内各部位之间的强烈放电现象。安徽省闪电定位系统前后有两套，一套为中国科技大学安装的3台定位仪，一套为中国气象局华云技术开发公司安装的10台定位仪。第二套闪电定位系统由10台均匀布设在全省的闪电定位仪所组成，采用的是中国华云技术开发公司生产的LD-Ⅱ型闪电定位仪。该定位仪是全国气象部门使用较为广泛的闪电定位系统之一，可以实时监测整个安徽省内的闪电，包括云闪和地闪的经纬度、时间、电流幅值等要素。

6.1.1 闪电定位资料可靠性检验

这里所用到的闪电定位资料是由中国科技大学负责安装的闪电定位仪所探测到的，即2001—2003年合肥、蚌埠和滁州闪电定位仪的探测数据。由于3台闪电定位仪相距较近，在探测范围内有重叠覆盖区，最终使用的资料是对3台闪电定位仪探测的闪电定位资料经优化组合后形成的资料。可靠性检验中的实况资料采用1971－2000年安徽所有测站雷暴资料的30年平均结果。

每台闪电定位仪的有效探测范围有限(200 km以内)，3台闪电定位仪的探测范围不能有效地覆盖安徽全省，所以只对有效区域雷暴的日变化进行对比。闪电定位资料和 1971－2000 年人工雷暴观测的日变化见图 6.1。从图中明显看出，尽管两种资料的来源不一致，年份不一致，但是其闪电日变化几乎一致，即白天多夜间少，均呈双峰结构，主峰在 17 时，次峰在早晨 05 时左右，应该说次峰附近时次的变化非常弱；上午 10 时是一天当中闪电最少的时候；最多值为最少值的 4～5 倍。同时发现在 2 个峰值附近其变化的位相有所差异：在主峰附近，闪电定位资料的位相略偏早；在次峰附近闪电定位资料的位相略偏后。从逐时比例来看，05－07 时、13－18 时闪电定位仪探测到的雷电比例略高于人工观测到的雷暴比例，尤其是 17 时前后比例相差达到最大(1.3%)，而其他时间则相反。闪电定位探测资料和人工雷暴观测资料的日变化一致性说明闪电定位资料基本是可靠的。

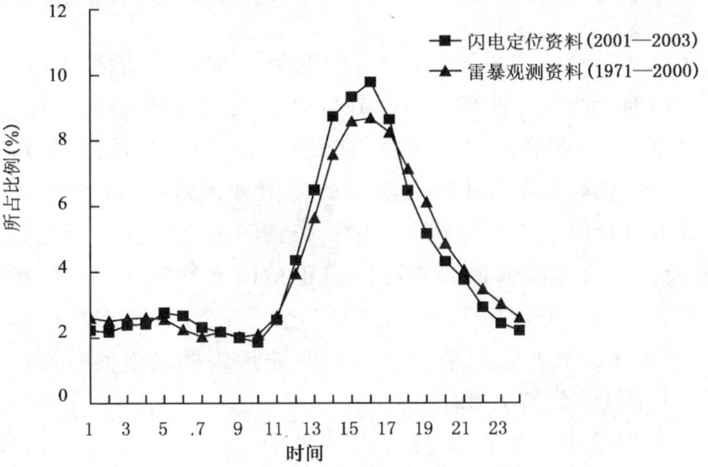

图 6.1　闪电定位资料和雷暴观测资料的日变化

6.1.2　闪电与强降水关系分析

在统计中发现同样雨强情况下，闪电定位仪所在处闪电多于其他地区，说明闪电定位仪的监测数据对距离有一定的敏感性，即随着距离的增加其探测数据的准确性越来越差。所以在统计分析中采用以闪电定位仪为中心的圆形(此处半径取 20 km)范围内的闪电资料与降水资料进行比较。其中降水为自动雨量站的逐分钟雨量。

6.1.2.1　个例分析

(1)2002 年 7 月 26 日合肥强降水

2002 年 7 月 26 日合肥市 12:35－13:49 持续出现 1 个多小时的集中强降水，降水量达到 99.8 mm，致使城区多处积水，造成局部涝灾。每分钟雨强达到 1 mm 的强降水主要发生在 12:46－13:43，所对应的闪电非常多，合肥周围 20 km 范围内云闪共达到 2722 个，地闪达到 1460 个。

云闪即总闪与地闪之差，即直方图实心柱中减去虚心柱的部分。与集中强降水相对应，10:52 和 11:19 前后分别探测到云闪有一个突然增多的过程，但并未伴有地闪增多的现象。由图 6.2 可知，到 11:40 云闪和地闪都同时出现突然增多，地闪持续到 11:48，云闪一直存在，12:20 地闪再次出现峰值，并持续到 14:05，其中地闪发生频率最高是 12:40－13:34，共出现

992 个地闪，平均 18 个/min，多数超过 20 个/min。

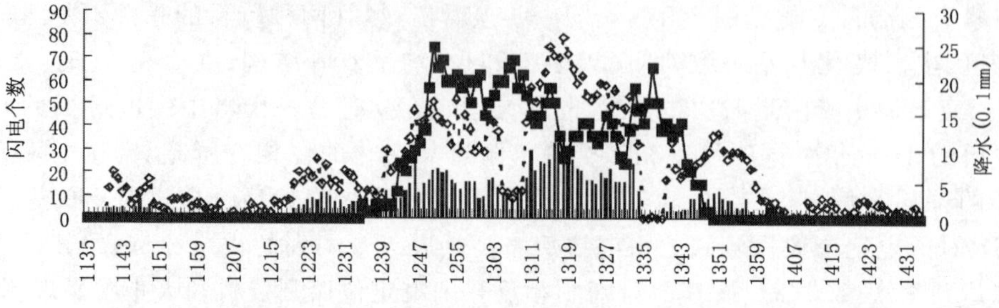

图 6.2　2002 年 7 月 26 日合肥大暴雨的闪电降水时间演变图

（虚心柱表示逐分钟地闪，实心柱表示逐分钟总闪，折线为逐分钟雨量）

从闪电和强降水的时间演变可发现：①云闪的第一次突然增多超前于强降水发生约2 h，地闪的第一次峰值超前于降水发生约1 h；②在强降水发生前约 30 min，云、地闪再次增多并持续到降水结束后约 20 min；③在降水结束后 10～50 min 内，云、地闪虽有所减少，但云闪的频率仍可达到 3 个/min；④降水峰值和闪电频率的峰值并不对应，降水峰值主要出现在 12:50、13:07 和 13:37，而闪电峰值主要出现在 13:10—13:30，降水强度与闪电强度没有很好的对应关系；⑤正地闪的最强阶段与雨强最大相对应。正地闪次数不多，仅占地闪的 6.4%，其中较高频率是 12:44—12:49(15 个)，在 12:45 正地闪达到 5 个，也是本次过程中正地闪发生频率达到最大的时刻，而雨强最大的时刻是 12:50，可见正地闪的最强盛时预示雨强达到最大。

(2)2003 年 7 月 4 日滁州特大暴雨

滁州特大暴雨个例是指发生在 2003 年 7 月 4 日 18:29 至 5 日 13:47，过程降水为 379.3 mm；强降水发生在 4 日 18:29 至 5 日 11:25，此期间降水 372.0 mm，占过程降水的98.1%。

根据降水量的演变可以将本次降水分为 2 个阶段，第一阶段大约在 4 日 18:30 至 5 日 1:50，第二阶段大约在 5 日 5:30—10:00，第一阶段有相对明显的云、地闪与强降水相对应，而第二阶段强降水的云、地闪不明显。

图 6.3 为此次特大暴雨过程的闪电降水时间演变图，雨量与闪电都是 10 min 的累计量。由图可见，17:50 第一个云闪产生，降水开始于 18:29，即云闪超前于降水约 40 min。明显的云地闪主要发生在 23:10—23:50，其中 23:20—23:30 期间云地闪频率达到最高峰，降水也达到本次过程最强，也就是说在云地闪频率达到最大时对应的降水也基本达到最强。正地闪有 5 个，正地闪约占地闪的 4%；第一个正地闪发生在 23:18，即发生在降水最强盛的开始阶段。

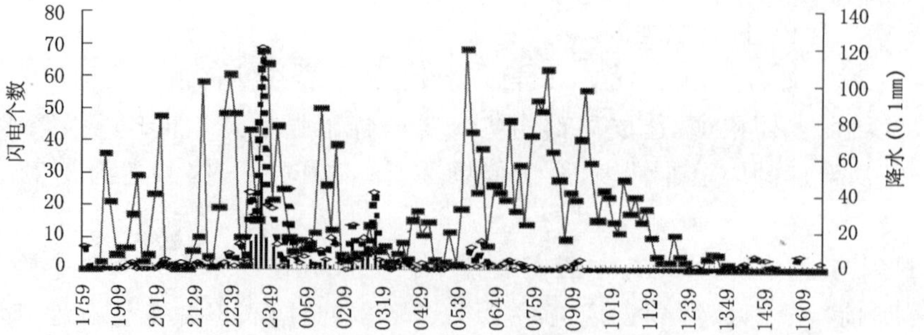

图 6.3　2003 年 7 月 4 日滁州特大暴雨的闪电降水时间演变图

（虚心柱表示逐分钟地闪，实心柱表示逐分钟总闪，折线为逐分钟雨量）

6.1.2.2　2001—2003 年的统计分析

由于闪电定位仪布设在合肥、蚌埠和滁州，因而对 3 个站点的闪电分布进行统计。对于 2001—2003 年发生在 3 站雨强达到 1 mm/min 的样本，半径为 20 km 范围内闪电的分布情况做了分析，样本共 748 个。其研究结果主要有：①在强降水发生前后几分钟内闪电是最强的，强降水发生前地闪与云闪的比值(71%)略大于强降水发生后的比值(62%)；②地闪中以负地闪为主，正地闪占地闪的比例仅为 4%～5%。但就不同样本而言，地闪有一定的差别，有的个例地闪很少，而有的个例地闪略多。

6.1.2.3　分析结论

对于强降水的闪电个例以及 2001—2003 年的闪电统计分析，可以看出闪电在强降水监测预警中有一定的指示意义。有关闪电与强降水的关系主要有：

(1)闪电突然增多的时间超前于强降水时间。对于闪电比较多的强降水过程，云闪的第一次突然增多超前于降水发生 40 min 至 2 h，在降水发生前 20 min 至 1 h 地闪频率增大。而对于闪电较少的强降水过程，一般也会在降水开始前 10～20 min 出现闪电。因此闪电的突然增加对于强降水的发生具有一定的警示作用。

(2)闪电的持续时间比强降水的持续时间长。闪电主要出现在降水发生前 40 min 至2 h，在降水结束后将持续 10～20 min。同样的，降水的结束对于闪电的结束具有预警意义。

(3)地闪在强降水发生前后均多于云闪，但强降水发生前地闪与云闪的比值(71%)大于强降水发生后的比值(62%)，也就是说强降水发生后出现云闪略有增多，地闪略有下降的现象。

(4)正地闪频率的增加与强降水的发生具有较好的对应关系。在以强降水为主的对流性天气中，地闪中以负地闪占主导，正地闪所占比例较低，占 5%左右，而正地闪最旺盛时 20 min 之内雨强达最大，即正地闪频率的加大意味着强降水将发生或雨强的加大。

6.1.3　闪电与冰雹关系的个例分析

利用以冰雹发生地为中心、半径 30 km 范围内的闪电探测资料对 2002 年 5 月 27 日的一次冰雹天气过程进行分析。

6.1.3.1　冰雹天气过程

2002 年 5 月 27 日 16 时 56 分蚌埠市出现直径达 11 mm 的冰雹，并同时伴有暴雨和 32 m/s 的大风(16:58)，同时自动雨量计 16:57 开始有降水。在 27 日 08 时 500 hPa 图上，沧州到榆林一线有一横槽，此横槽的南端使淮北的中高层有冷空气侵入，同时淮北上空又处于东亚沿海槽后的西北气流控制中，天空状况较好，低层升温明显。低层的加热升温和高层的冷空气侵入导致大气层结很不稳定。27 日 08 时离蚌埠最近的西北方向探空站(阜阳)K 指数为 27.0℃，沙氏指数为－3.0；离蚌埠最近的东北方向探空站(徐州)K 指数达 33.0℃，沙氏指数达－1.7。由 K 指数和沙氏指数的数值都可反映出蚌埠附近的大气层结存在潜在的不稳定性。850 hPa 图上，徐州和射阳(蚌埠东方向)均为西北风，而阜阳和南京(蚌埠东南方向)均为西南风，即低层在蚌埠附近存在西北风与西南风较弱的风向辐合。可见，低层辐合是此次局地对流的触发因素，使得潜在的大气层结不稳定得以发展，促使对流性的天气加强，或者说，低层的辐合是对流天气产生的触发条件，中层的不稳定大气层结是对流天气产生的环境背景。

6.1.3.2 闪电时序分析

彩图6.4为2002年5月27日冰雹过程的时序图。闪电和降水均为5 min的累计值。本次过程先出现冰雹和大风天气,然后出现降水。由图可知,其降水可以分为3个阶段,分别为16:57—17:41、18:45—18:59、21:27—22:40。第一阶段的降水较强,后2个阶段的降水较弱。与3个阶段的降水相对应,分别在降水发生前0.5~1 h都有闪电频率加大的现象,分别对应的时间段为15:44—17:39、18:14—18:34和20:44—22:04。然而发现,负地闪和云闪在19:24—19:44较为频繁,而其后没有相应的降水相对应;降水峰值与闪电峰值的出现时间并不吻合。

在第一阶段降水过程中,天气最为剧烈,出现冰雹、大风和强降水等3种形式的强对流天气,在此做进一步详细分析。16:56开始降冰雹,持续时间不到10 min;16:57自动雨量计开始出现0.1 mm的雨量,16:58出现32 m/s的大风。15:20开始出现第一个闪电,而闪电次数明显加大且持续性好是从15:52开始的,大约在冰雹发生前1h发生,且闪电中主要是正地闪。在冰雹持续期间,基本没有云、地闪发生。冰雹消失后0.5 h内地闪仍较活跃,且还是以正地闪为主导。在冰雹发生前后2个多小时期间,即15:20—17:38,出现地闪47个,地闪中正地闪占90%。强降水个例中正地闪占地闪的比例只有极小比例(仅有4%~5%),而冰雹个例中正地闪占主导地位,两者之间有显著不同。在此后的降水阶段正地闪的比例减小到约40%,但也明显高于强降水正地闪所占比例。因此在冰雹过程中,正地闪占地闪的比例远远高于强降水过程中的比例,而且随着冰雹过程伴随降水强度的增加,正地闪比例也增加。

在本次冰雹过程中,不只是正地闪的比例有变化,云、地闪的比例也发生一些变化,即冰雹发生前后,云、地闪中主要以地闪为主,且地闪中又以正地闪占主导。15:20—16:56,在冰雹发生地为中心、半径30 km范围内,云闪有22个,地闪有32个,即地闪约为总闪的59.3%。冰雹发生后直到过程结束,云、地闪较为接近,云闪出现56个,地闪64个,地闪约为总闪的53.3%。

6.1.3.3 分析结论

根据冰雹天气过程闪电变化的分析,闪电与冰雹的发生主要研究结果有:

(1)与3个阶段的降水相对应,闪电频率分别在降水发生前0.5~1 h都有闪电频率加大的现象。

(2)冰雹发生前1 h闪电频率逐渐加大,且主要是正地闪,正地闪占地闪的比例远远高于强降水过程中的比例,而且随着冰雹过程伴随降水强度的增加,正地闪比例也增加。云闪和负地闪均较少,与强降水中有显著差异。冰雹发生后0.5 h内地闪仍较活跃,且还是以正地闪为主导。

(3)冰雹发生前后,云、地闪中主要以地闪为主,且地闪中又以正地闪占主导。冰雹发生前地闪约为总闪的59.3%,冰雹发生后地闪约为总闪的53.3%。

6.1.4 闪电与雷雨大风个例分析

2002年8月24日受飑线天气过程的影响,安徽自北向南30站出现大风,并伴有雷雨天气。蚌埠12:43出现18 m/s大风,12:46开始降水。以大风发生地为中心、半径30 km范围内的闪电资料进行统计,蚌埠仅13:03出现一个云闪。滁州14:38出现20 m/s大风,14:56

开始出现降水，闪电出现在12:47—13:50(彩图6.5)。图中闪电和降水均为5 min累计值。由图可知，这次过程先出现大风，约20 min后出现降水，而在飑线到达之前近2 h内的45 min内闪电非常明显；12:47出现闪电，13:10闪电频率突然加大，13:10—13:44共出现地闪104个。闪电频率的加大超前于大风约1.5 h，地闪全为负地闪。在整个降水持续期间，没有监测到闪电现象。

合肥在15:10出现20 m/s的大风，15:24开始降水，闪电较少，仅13:15和13:42分别有一个负地闪。虽然闪电较少，但2个地闪出现的时间与滁州类似，也超前于大风约2 h和1.5 h。

由蚌埠、滁州和合肥的闪电分析可见，这次雷雨大风过程的闪电比强降水和冰雹的要少，闪电开始于大风发生前1～2 h，且地闪基本为负地闪，闪电对于雷雨大风的预警具有指示意义。

6.1.5　闪电定位资料研究结论

(1)闪电定位探测资料和人工雷暴观测资料的日变化一致性说明闪电定位资料基本是可靠的。

(2)对于强降水、冰雹和雷雨大风来说，闪电基本都超前于强对流天气的发生，第一个闪电可超前于强对流天气1.5～2 h。在强降水天气出现前20 min左右，云地闪频率突然加大；在冰雹出现前约1 h，闪电频率增大；在雷雨大风出现前1～1.5 h，闪电频率增大。1.5～2 h的超前时间以及各种强对流形式的超前时间均表明，闪电对强对流天气的监测和预警有重要的意义。

(3)各种形式的强对流天气在云地闪的频次上特点各不相同。强降水过程云闪多于地闪；雷雨大风过程云地闪比例不定，云闪可能多于地闪，也可能少于地闪；而冰雹过程地闪多于云闪。

(4)各种形式的强对流天气云地闪的比例和地闪极性具有不同特征，因此，根据云地闪的比例和地闪属性有助于判断强对流天气的形式。在地闪的极性上强降水以负地闪为主，正地闪仅占地闪的5%左右；雷雨大风与强降水类似，正地闪非常少，甚至比强降水过程更少；冰雹则与前二者显著不同，正地闪占有绝对优势(占地闪比例高达90%)。

6.2　基于雷达资料的强对流天气监测预警

6.2.1　实时监测

新一代天气雷达每6 min一个体扫，可以设置若干种仰角，多角度地、实时地监测各种中尺度天气系统，其监测范围一般有230 km左右。在新一代天气雷达提供丰富的强对流天气监测产品中，包括风暴追踪信息(STI58)、冰雹指数(HI59)、中尺度气旋(M60)、龙卷涡旋特征(TVS61)、风暴结构(SS62)等，这些产品包括了诸如风暴识别、冰雹识别、冰雹强度概率、冰雹大小估计、中尺度气旋和龙卷识别等信息，基本上覆盖了强对流天气监测的各个方面，对强对流天气实现提供有效的实时监测和跟踪。

6.2.2 预警预报

基于新一代天气雷达探测资料中的风暴移动趋势，主要包括风暴的识别、风暴的移动方向和移动速度，在进行风暴移动趋势和移动方向的检验和本地化之后，建立未来一段时间分季节的风暴预警的基本思路，据此制作风暴预警信息产品，向社会发布风暴预警信息，实现强对流天气的预警预报。

6.3 雷达资料的 0～1 h 临近预报系统

6.3.1 监测预警系统主要功能

目前新一代天气雷达系统可以灵活利用这些产品不但能够有效地提高强对流天气的识别准确率，而且可以定量分析其强度及空间分布情况。建立的强对流天气 0～1 h 监测预警系统可以实现以下功能(图 6.6)：

(1)实时检测最新雷达体扫资料，提取风暴结构(SS62)产品。

(2)利用分季节建立的强对流天气预警方程，通过合并两个相互接近的回波等措施，提取出可能产生强对流的回波中心及其所在县的位置，并以图像和声音报警的形式向预报员发出警告，实现强对流天气的自动监测，并将监测信息显示在图形下方。

(3)对强对流天气发生的时间、区域、报警时间等信息进行存档，以便用于预报检验。

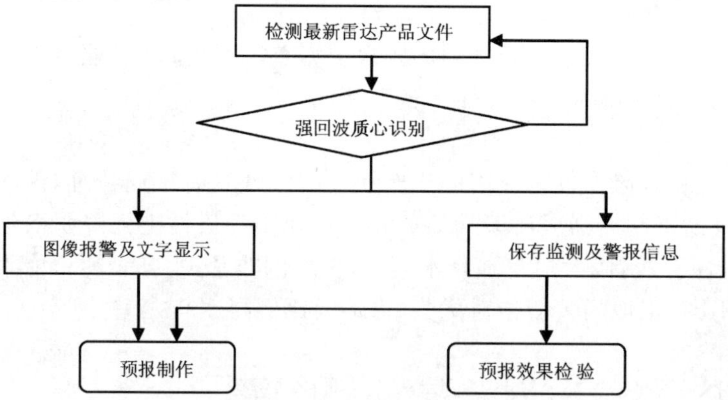

图 6.6 雷达监测预警流程图

(4) 当监测到强对流回波后，系统实时检测最新的风暴追踪信息(STI58)产品，提取强对流回波的移向和移速信息，提供强对流回波 0～1 h 可能影响的区域，自动生成初步的短时预报文本供预报员参考，预报员可以在该模板的基础上修改，形成最终的短时预报结论。

监测预警界面见彩图 6.7。监测预警包括风暴信息、冰雹信息和中气旋，其中冰雹信息有发生时间、风暴编号、发生地点、方位和距离、移速和移向、阈值等信息。

6.3.2 监测预警系统的个例应用分析

以 2005 年 7 月 30 日强对流天气过程为例来说明 0～1 h 的监测预警。2005 年 7 月 30 日的龙卷发生时间在11时20分—11时50分。主要为风灾，目击者看到倒立着的漏斗，有两人被龙卷风卷入空中，一只大冰柜被卷入空中。灵璧受灾人口95000人，因灾死亡15人、受伤46人，因灾生病260人，农作物受灾面积27万亩，倒塌房屋1617间，损坏房屋12380间，因灾死亡大牲畜28头，猪1761头，羊257只，禽31300只，成树倒断8万余株，刮断折断通讯、供电线路约60多千米，直接经济损失4210万元，农作物损失3900万元，紧急转移安置638人。

强对流天气预警系统在10时53分第一次报警，在11时05分第二次报警，且系统检测到有强中气旋出现，提前预警时间为15 min。另外在泗县出现雷雨大风天气，系统也提前识别并报警。具体监测预警情况见彩图6.8～6.11。从彩图6.8可见在宿州的东部有强对流回波发展，其强度超过55 dBz；从彩图6.9可见回波呈现螺旋结构，P1的风暴快速向偏东方向移动，开始影响灵璧；从彩图6.10、彩图6.11可见回波的螺旋结构更为明显，P1风暴的移动速度高于11:05的速度，它继续快速东移影响灵璧的韦集和泗县等地，因而造成大量人员伤亡。

参考文献

[1] 陈明轩，俞小鼎，谭晓光等. 对流天气临近预报技术的发展与研究进展. 应用气象学报，2004，**15**(6)：754-766

第7章　强对流天气的预报应用情况

7.1　业务运行情况

应用雷达信息产品可以进行强对流天气过程的实时监测，以及0～1 h的临近预警；基于数值预报模式产品可以计算预警指标，进行强对流天气的短时预警。短时和邻近预报预警系统于2003年底基本完成。在预警系统实施过程中，坚持边研究边应用的原则，研究成果于2004年就开始投入业务中应用。本研究成果中的方法和系统软件均面向业务人员、面向业务服务工作特点和要求，与业务工作结合紧密，同时为检验强对流天气预警系统研究成果的应用能力，在安徽省气象台投入业务应用，研究成果在安徽省强对流天气预测预报中发挥重要作用。

在2004—2006年业务使用中，本项目研究成果在安徽省的灾害性天气预警预报服务中发挥了重要作用，为政府和有关部门及时组织防范和灾害应急响应起到了很好的参考作用，社会和经济效益均十分显著。下面给出2次非常典型的强对流天气过程的具体应用情况，它们分别是2004年7月8日和2005年6月14—15日的强对流天气过程。

7.1.1　2004年7月8日强对流天气过程监测预警

2004年7月8日午后到9日凌晨，安徽省自北向南出现大范围雷雨大风、冰雹等强对流天气，其中13个县市出现大风，利辛(17时32分)、霍山(20时33分)出现冰雹，霍山最大冰雹直径达50 mm。图7.1为2004年7月8日风向风速和冰雹分布图，图中三角形符号代表冰雹发生地。由图可见，全省共有14个气象台站先后出现雷雨大风和冰雹天气。冰雹、雷雨大风等强对流天气造成了严重的经济损失。

7.1.1.1　雷达监测预警

利用强对流天气监测预警系统对此次强对流天气过程进行了实况预警，表7.1为此次过程的监测预警情况。由表可见，该系统第一次报警时间自北到南逐步偏晚，由涡阳的15:16到桐城的晚间21:20，出现强对流天气的时间均比第一次报警时间要滞后，它反映出强对流天气预警系统确实可以起到其预警的作用；提前预警时间介于8～35 min，平均为24 min，因此可以为防范强对流天气的灾害损失赢得平均有24 min的宝贵时间。砀山因距离合肥雷达站超过230 km有效探测范围造成漏报，另外，蚌埠、长丰和寿县(均出现17 m/s雷雨大风)漏报。

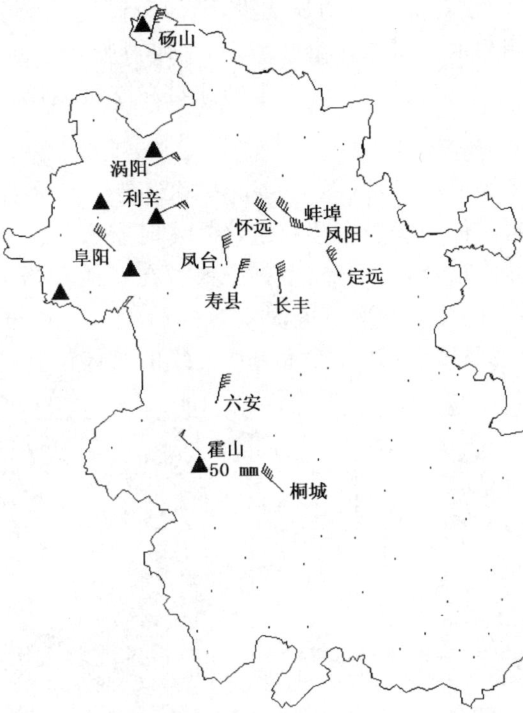

图7.1 2004年7月8日实况风向风速和冰雹分布图

表7.1 2004年7月8日系统监测预警情况

站点	第一次报警时间	出现强对流时间	提前预警时间(min)
涡阳	15:16	15:51	35
利辛	16:17	16:40	23
太和	17:18	17:32	14
阜阳	17:30	17:57	27
怀远	17:30	18:06	24
蚌埠	18:06	18:18	12
凤台	18:18	18:26	8
寿县	18:18	18:30	12
定远	18:42	19:03	21
六安	19:13	19:47	34
霍山	20:07	20:33	26
桐城	21:20	21:45	25

对于此次预警系统的具体预警情况是这样的:在彩图7.2中15:16系统监测到在涡阳北部有强对流回波生成,并指示出回波向东南偏南方向移动(见图中红色箭头方向),将很快影响涡阳。在彩图7.3中16:17系统监测到1 h后回波南压,并有新的对流单体生成,继续向东南偏东方向移动,将影响利辛等地。从彩图7.4中17:18系统监测到在1 h后带状回波继续发展,图中标示出已经有6个回波单体及其移动方向,所以有更多的强对流回波得以形成和发展,并继续向东南或东南偏南方向移动,将影响太和等地。从彩图7.5和7.6中系统监测到带

状回波东段有所减弱，带箭头的强对流单体明显变少，但西段对流仍然在发展，影响大别山区。从彩图7.7和7.8中系统监测到回波带东段继续减弱，西段有强对流回波发展，且快速向东南方向发展，造成霍山观测站20:33出现50 mm大小的冰雹和9级大风，观测仪器受到破坏。

7.1.1.2　模式短时预警

从模拟得到的逐时地面风场分布显示(图7.9)，在2004年7月8日08时，安徽省阜阳地区有一低涡，随着时间的推移，该低涡缓慢东移南压，到14时安徽省淮北地区以东北偏东风为主，沿淮淮南为南风，在沿淮形成辐合，这一辐合切变08时在安徽亳州附近，14时南进到大别山北侧，此后一直在安徽江淮之间持续到次日凌晨5时。图中"＋"符号表示7月8日发生雷雨大风、冰雹等强对流天气的主要站点，并且标示出切变线的具体位置。

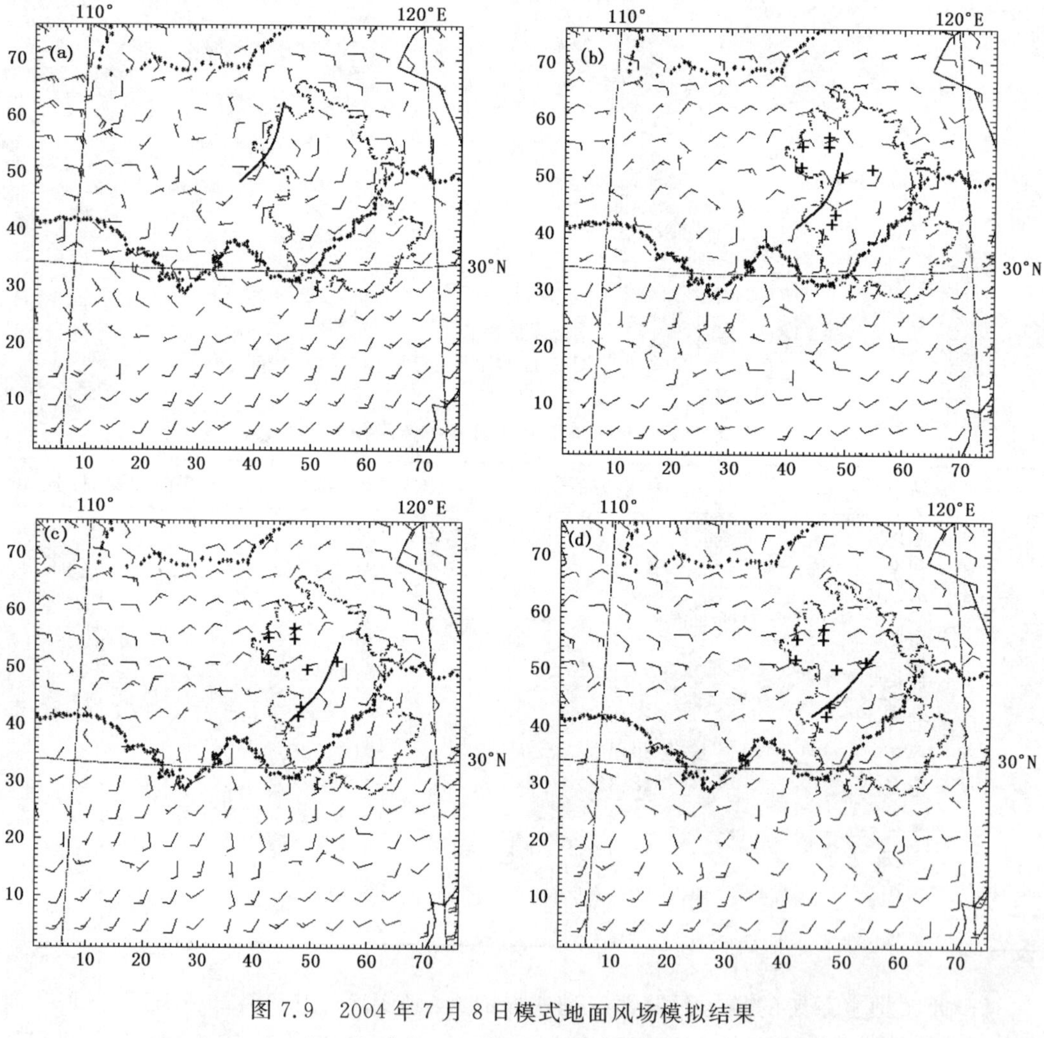

图7.9　2004年7月8日模式地面风场模拟结果
(a：08时；b：14时；c：17时；d：20时)

垂直上升运动是产生强对流天气的必要条件，并考虑到强对流天气发生的主要区域在安徽西侧，大约116°E的附近位置，因此绘出2004年7月8日沿116°E垂直速度的剖面图(图7.10)。剖面图显示从8日08时开始，在33°～34°N之间存在弱的上升气流区，到11时(图

7.10a)这一上升速度区发展十分旺盛,从低空 950 hPa 至高空 300 hPa 为一致的上升气流,其中在 800～600 hPa 间存在 1.4 m/s 的上升速度;大别山区位于 31°～32°N 附近,因此同时在大别山区上空也存在较强的上升气流,其中在 31°N 附近上空 700 hPa 以上有较强的上升气流,而在 700 hPa 以下为弱的下沉气流,即在 700 hPa 高度上存在明显的辐散;在 32°N 附近上空 850 hPa 以上高度有强上升气流,上升气流区比 31°N 地区深厚;31°N 和 32°N 的中间区域则是下沉区,构成两个次级环流圈,见图中箭头所示。在 8 日强对流天气发生过程中,多次出现这种高层上升、低层下沉、中层辐散促进对流发展的分布形势,到 8 日 20 时这种情形有所减弱,仅在 32°N 和 33°N 附近 800～600 hPa 高度存在弱的上升气流(图 7.10b)。实况到 20:30 发生在安徽省的大范围强对流天气逐渐停止,即模式预报结果还是比较好地反映出这次强对流天气发生时的高低空环流分布状况。

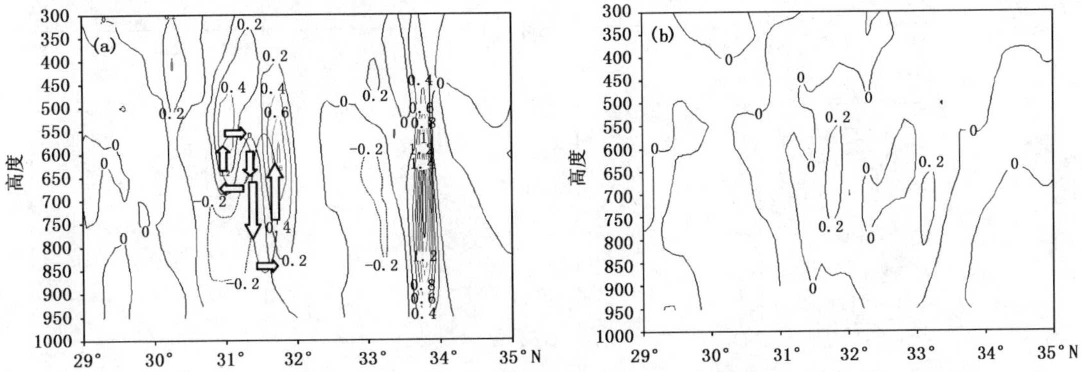

图 7.10　2004 年 7 月 8 日模式模拟沿 116°E 垂直速度剖面图(m/s)
(a：11 时;b：20 时)

模式计算得到强天气对流的各种不稳定指标显示,A、K 指数以及位势不稳定指标都是从安徽省西北部较早出现高值中心,高值中心随着时间逐渐南移,且高值中心范围不断扩大(图略)。沙氏指数的低值中心变化与 A、K 指数向南推移的趋势基本相似,但沙氏指数仅在模式开始预报前 12 h 达到强对流天气的阈值要求,模式预报后期,沙氏指数数值计算偏大,不再满足阈值要求。

探空资料一般为 12 h 间隔,而模式资料时间方面的输出可以做得很细,因而对于数值模式能够详细地分析逐时各种要素及基于此计算得到的指标的变化。考虑到指标的极值对于诊断、预报同样具有重要意义,因此取模式预报 6 h 时间范围内的 A、K 指数极大值、位势不稳定指标极大值和沙氏指数极小值,画出这些指标极值的空间分布图(图 7.11)。由图 7.11a 可知,全省绝大多数地区的 A 指数超过 10,超过 20 的区域也占相当比例,满足强对流天气阈值 10 的要求。由图 7.11b 可知,只有淮北北部的 K 指数小于 35,其他地区都大于 35,也符合强对流天气对 K 指数的要求。由图 7.11c 可知,只是在淮北北部和江南南部的局部地区沙氏指数为正值,其他地区皆小于 0;小于－1 的地区主要分布在沿淮到沿江地区,没有小于－2 的地区,因此沙氏指数不符合强对流天气出现的标准。由图 7.11d 可知,位势不稳定指标也只是在淮北北部小于 2.79,全省大部大于 2.79,满足出现强对流天气的要求。从每 6 h 的指标极值分布图看出,8 日 08—20 时,安徽省 A、K 指数和位势不稳定指标值都比较高,范围比较广,与出现强对流天气的要求基本符合,而沙氏指数仅在 08—14 时在安徽省北部的砀山附近满足阈值要求。

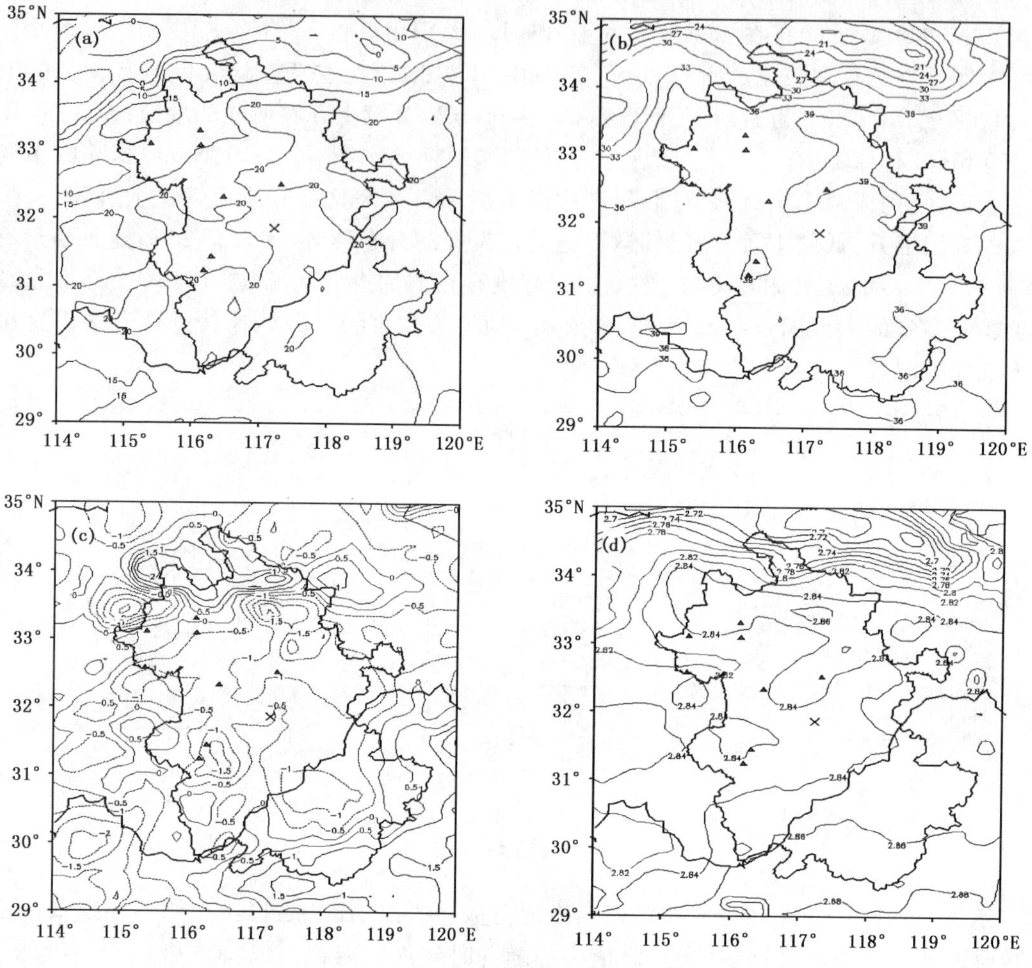

图 7.11 2004 年 7 月 8 日 14—20 时各种指标的极值分布

(a:A 指数极大;b:K 指数极大;c:沙氏指数极小;d: 位势不稳定指标极大)

综合风场、垂直速度、各种不稳定度指标的分析可以看出,除沙氏指数之外,环流形式、高低空速度配置、多种不稳定度指标都预示出现强对流天气,因此利用选取的不稳定指标可以判断强对流天气出现的可能性较大,MM5 模式能够比较好地预报出这次强对流天气过程。

7.1.2 2005 年 6 月 14—15 日强对流天气过程监测预警

受东北冷涡后部冷空气南下和西南暖湿气流共同影响,冷暖气团在安徽一带交绥,导致安徽出现不稳定天气。2005 年 6 月 14 日夜至 15 日凌晨,安徽合肥以北多处出现短时强降水、雷雨大风、冰雹等强对流天气,而以 15 日 01—02 时为甚,其中有 5 个县市出现雷雨大风,蚌埠出现了冰雹,宿州市、定远北部、凤阳部分乡镇也出现了冰雹,其中宿州市埇桥区朱仙庄镇的冰雹最大直径达 20 mm 左右,固镇的冰雹最大直径为 100 mm。安徽东部各地雨量主要集中在 01—03 时,1 h 最大雨量达到 10～18 mm[1]。

7.1.2.1　雷达监测预警

利用强对流天气监测预警系统对此次过程进行了监测预警，表 7.2 为实际监测预警情况。从表 7.2 可见该系统提前预警时间为 16～42 min，平均提前预警时间为 27 min，其中砀山、淮北因距离合肥雷达站超过 200 km 有效探测范围造成漏报，另外雷达在 01 时 20 分后出现故障，所以对其后出现的预警情况没有检验。具体监测预警情况见图 7.12～7.15。00 时 14 分 40 秒(彩图 7.12)在宿州市附近有强对流回波发展，00 时 44 分 40 秒(彩图 7.13)强对流回波明显加强并向东南方向移动，到 00 时 56 分 39 秒(彩图 7.14)、01 时 02 分 39 秒(彩图 7.15)时，强对流回波进一步发展且南压，将影响怀远、蚌埠和凤阳等地。

表 7.2　2005 年 6 月 14—15 日系统监测预警情况

时间	宿州	固镇	怀远	蚌埠	凤阳
第一次报警时间	23:43	00:14	00:44	00:44	00:56
出现强对流时间	00:25	00:35	01:00	01:10	01:30
预警时间(min)	42	21	16	26	34

7.1.2.2　模式短时预警

(1) 不稳定指标的预警分析

这次强对流天气没有引起强的降水，强对流天气发生区降水量为小到中雨等级，模拟的降水不明显，因此，本次强对流天气以指标分析为主，即分析 A、K 指数以及位势不稳定指标的分布情况、沙氏指数的时间序列分布以及预警指标的分布。从 2005 年 6 月 15 日 01—02 时的 A、K 指数以及位势不稳定指标的分布图(图 7.16)可以看出，在 6 月 15 日凌晨 01 时与 02 时，图中 3 个指标的高值带状区分布在安徽沿淮淮北地区，显示各指数值均较高。15 日 01—02 时 A 指数(图 7.16a、图 7.16b)大于 10℃的范围在沿淮淮北，大于 15℃的范围在亳州附近，02 时大于 10℃的范围和大于 15℃的范围均有所增加。15 日 01—02 时 K 指数(图 7.16c、图7.16d)大于 35℃的范围在合肥以北地区，大于 40℃的范围 01 时在沿淮淮北，02 时大于 40℃的范围明显减少。15 日 01—02 时位势不稳定指标(图 7.16e、图 7.16f)大于 2.8 的范围在合肥以北，02 时大于 2.8 的范围依然在合肥以北，但是大于 2.9 的范围显著减少。

沙氏指数的时间序列分布分宿州站和纬向分布 2 种情况来说明。宿州站沙氏指数的时间序列图上(图 7.17a)显示从 14 日 20 时至 15 日 05 时，该站沙氏指数一直呈递减状态，并满足阈值(小于－3℃)要求，06 时开始迅速回升，这一变化与强对流天气发生时间相吻合。沿 117°E的沙氏指数时序图(图 7.17b)也显示在 32.5°N 以北，从 14 日 20 时至次日 06 时，这一区域 SI 值维持低于－4℃。以上分析表明安徽省淮北区域在 14 日夜间到次日凌晨大气层结很不稳定。图 7.17b 还显示了沙氏指数低值区由北向南扩展，与这次过程由北向南袭击安徽省淮北地区的方向相一致。

(2) 预警指标的预警效果分析

1)6 h 间隔的预警指标分析

从计算得到的预警指标分布可以看出，从 14 日夜间到 15 日凌晨，安徽省沿淮淮北地区预警指标比较高，在 3.5 左右，即各指标基本满足阈值条件，表明淮北地区大气层结很不稳定，极

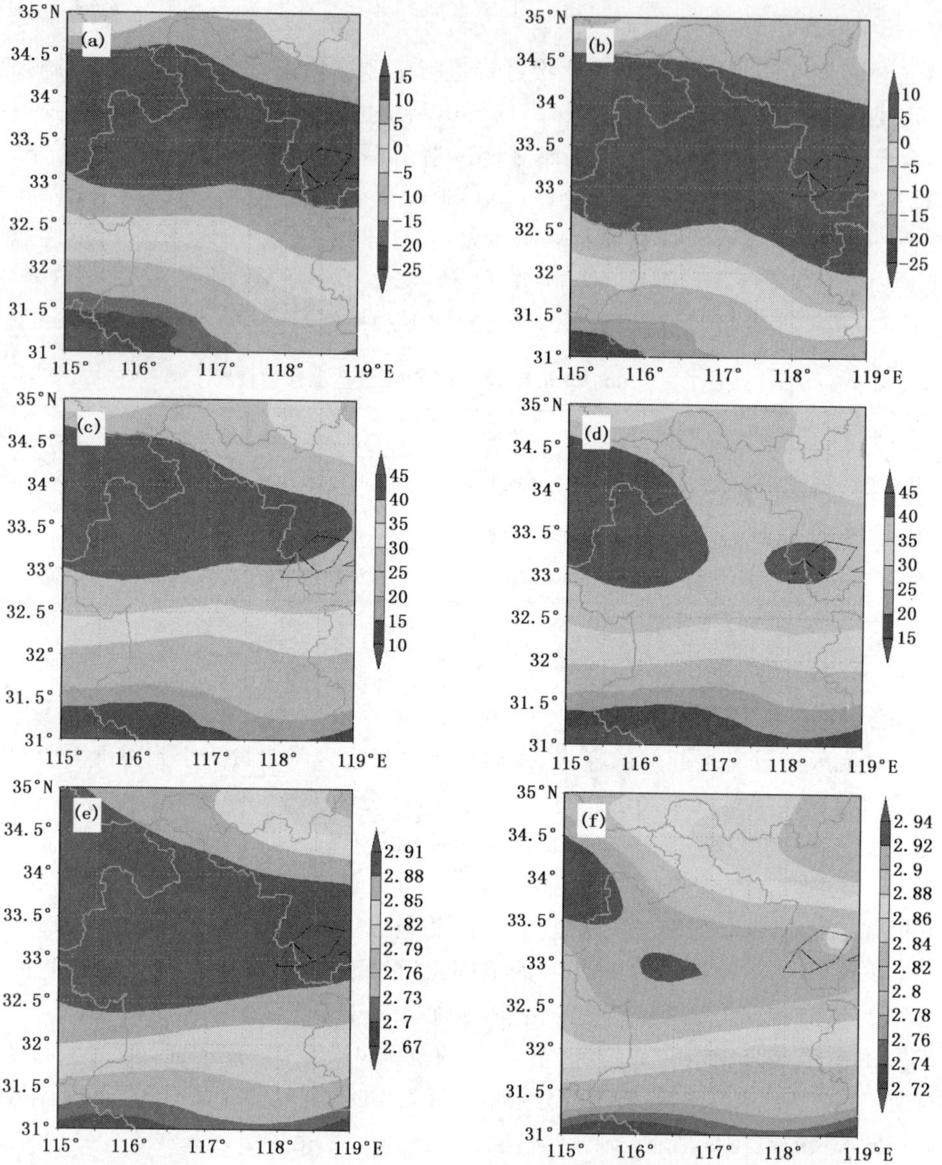

图 7.16　2005 年 6 月 15 日 *A*、*K* 指数以及位势不稳定指标分布图
（a:01 时 *A* 指数；b: 02 时 *A* 指数；c:01 时 *K* 指数；d:02 时 *K* 指数；
e: 01 时位势不稳定指标；f:02 时位势不稳定指标）

易发生强对流天气。其中 15 日 02 时预警指标分布如图 7.18 所示。为了与宁空勿漏的原则相吻合，增加强对流天气的预警性，计算了每隔 6 h 的预警指标最大值。以 6 h 间隔取预警指标的极大值，15 日 03—08 时预警指标极大值分布（图 7.19）显示沿淮淮北预警指标值比较高。其中图中“▲”为发生强对流天气地点。

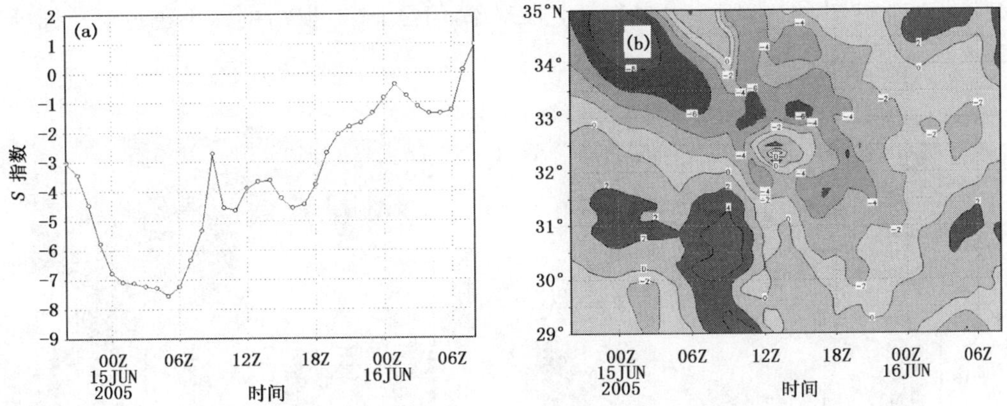

图 7.17　2005 年 6 月 15 日沙氏指数时间序列图
(a:宿州站;b:沿 117°E)

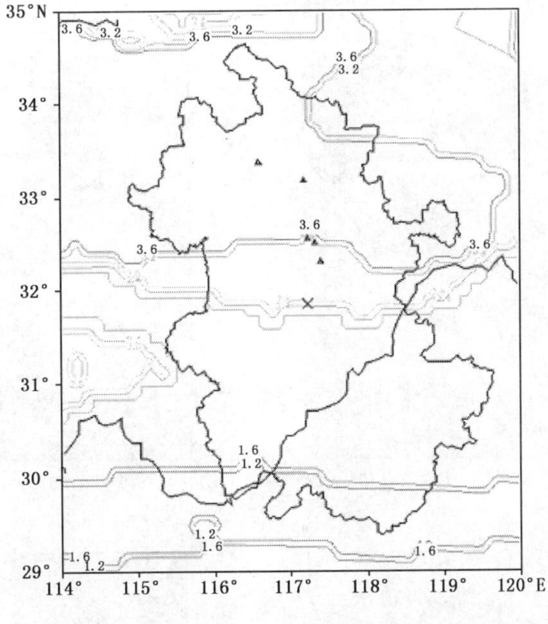

图 7.18　2005 年 6 月 15 日 03—08 时预警指标极大值分布图

2)0～12 h 预警系统的逐时预警指标分析

2005 年 6 月 15 日的强对流天气过程主要发生在夜间,因此采用 6 月 14 日 20 时的 T213、地面和高空资料作为模式运行的初始场,其 0～12 h 预警起算时间为 15 日 02—14 时,考虑到 01 时的强对流天气比较剧烈,因此增加 15 日 01 时的预警指标色斑图,形成了 15 日 01—14 时共计 14 幅预警指标色斑图,见图 7.19。

图中深黑色代表预警指标≥3 的区域,浅灰色代表预警指标≥2 的区域。从图中可以看出,自 01 时开始到 08 时深黑色区域主要在淮北地区,09—10 时主要在淮北西部地区,11—14 时则偏向于淮河以北和江淮之间的东部地区。深黑色色斑范围最大的出现在 01—03 时,与实况强对流天气主要发生在 01—03 时大体吻合。当然,04 时以后没有出现强对流天气,而预警指标则依然有大于 3 的色斑图，说明会有空报现象，但是 04 时以后的深黑色色斑范围要比 03 时以前要小。

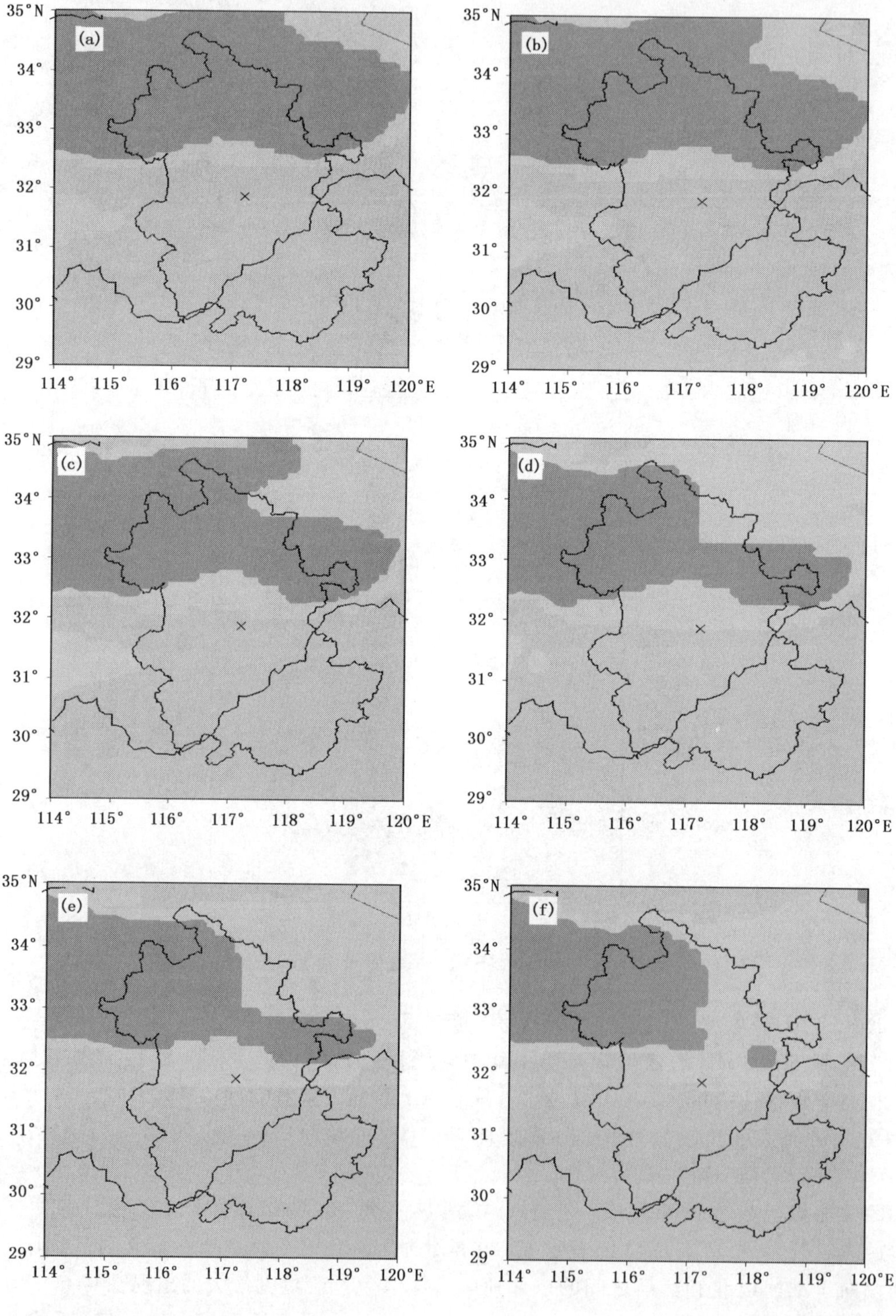

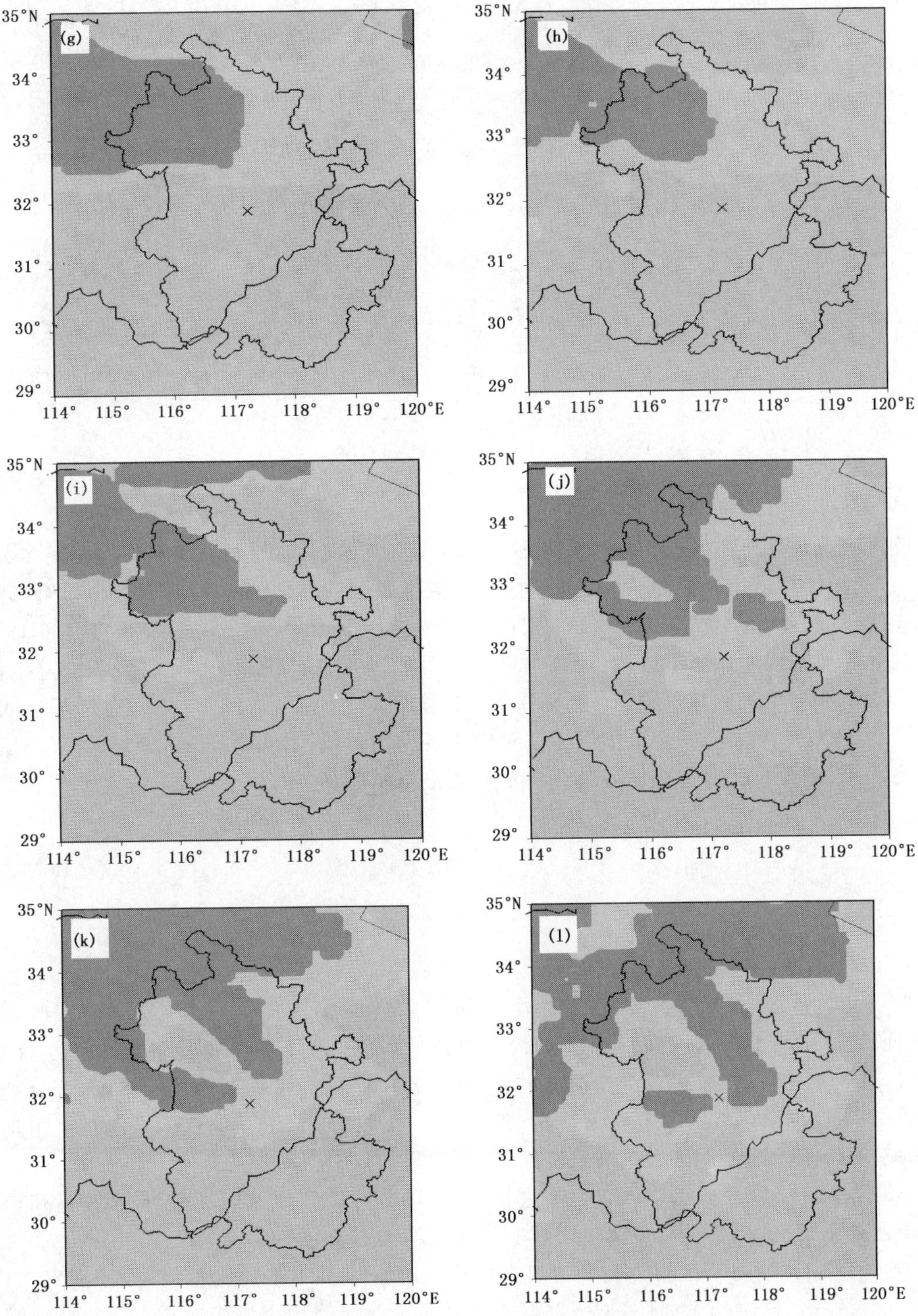
(g)
(h)
(i)
(j)
(k)
(l)
35°N
34°
33°
32°
31°
30°
29°
114°
115°
116°
117°
118°
119°
120°E

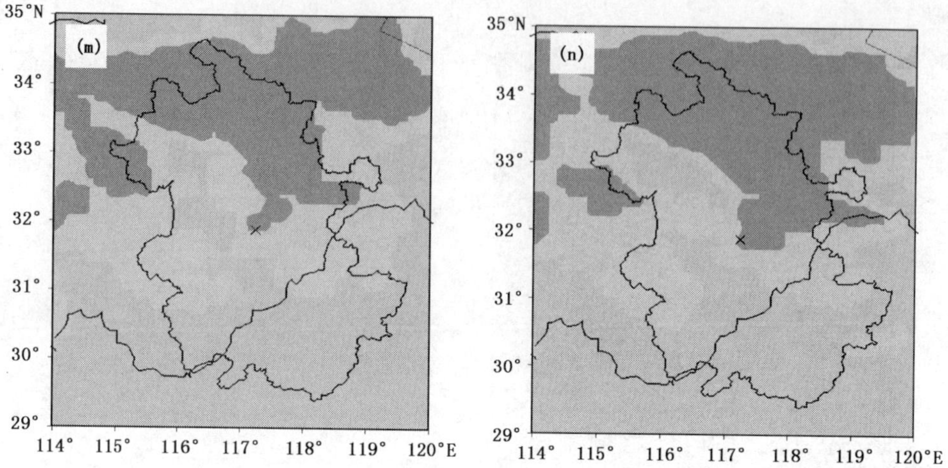

图 7.19 2005 年 6 月 15 日预警指标色斑分布图
(a:01 时;b:02 时;c:03 时;d:04 时;e:05 时;f:06 时;g:07 时;
h:08 时;i:09 时;j:10 时;k:11 时;l:12 时;m:13 时;n:14 时)

模式运行结果小结:根据 20 时的 T213 输出场为背景场,运行模式得到每 1 h 很多参量的输出场,进而计算出各种指标值,因而这些指标值也是预报量。就是说,依据 2005 年 6 月 14 日 20 时的背景场,应用模式得出 6 月 14 日 20 时之后逐时指标预报值。从 2005 年 6 月 15 日的强对流天气过程模拟结果可知,计算的不稳定指标包含 A、K 指数以及位势不稳定指标,各种指标的分布情况以及时间序列分布情况,即强对流天气的发生时间与各种指标超过阈值密切有关,而强对流天气的发生范围也往往对应于各种指标的阈值区域,所以模拟结果表明对于强对流天气发生区域、发生时刻均具有一定的预报指示意义。

7.2 预报效果回顾

近年来强对流天气过程的预报应用及其效果如下:

2005 年 7 月 30 日 11 时 30 分—11 时 50 分安徽省灵璧县遭受龙卷风袭击。安徽省气象台应用研究成果提前对这次强对流天气做了预警预报,并进行了连续跟踪服务。29 日 06 时至 30 日 11 时安徽省气象台在 5 个时次的短期预报中均指出:淮北有阵雨或雷雨,部分地区大雨到暴雨,雷雨时阵风 8 级。在 7 月 30 日的 10 时、11 时、12 时 3 个时次的短时预报中均指出淮北南部和沿淮的部分地区有短时强降水、雷雨大风、冰雹等强对流天气。30 日 09 时 36 分、10 时 30 分、11 时 00 分安徽省气象台通过雷达回波强度、高度以及风场分析,预测宿州市境内会出现强对流天气,并及时通知宿州市政府领导及有关方面做好防范。

2006 年 6 月 27 日 18 时许,宿州市突遇雷雨大风天气,10 级大风卷倒树木,刮飞广告牌,城区大面积停电,同时暴雨如注,城区路面积水严重。大风暴雨引发多起火灾。在此次强对流天气服务中,气象部门提前发出预警信号,为地方党委政府和社会公众提供了优质的气象服务。27 日中午,安徽省气象台发现泗县境内出现雷达强回波,当即开始进行跟踪分析和服务。13 时 32 分起,先后 3 次发布手机短信,预报宿州市将出现 10 级以上雷雨大风,局部可能出现龙卷等强对流天气；17 时 10 分，发布雷雨大风蓝色预警信号，18 时 35 分发布雷雨大风橙色预警信号，并通过电视台、电台、网站、气象短信向市民发布这一信息。

以近年来发生在安徽省的主要强对流天气过程为例，说明短时预警系统的应用情况[2]。近年来发生的强对流天气过程，主要有长江以北的 2003 年 6 月 20 日、2005 年 6 月 15 日和 2005 年 7 月 16 日的 3 次过程，以及沿江江南的 2003 年 5 月 6 日、2003 年 7 月 6 日的 2 次过程。表 7.3 为以上 5 次过程的预警及其与实况对比。由该表可知，有 4 次过程的预警指标极值大于 3，2 次过程预报和实况较为符合，3 次过程基本符合，表明强对流天气预警系统有较好的应用价值。

表 7.3　5 次强对流天气过程预警及其对比

过程	预警指标最大值	预警范围	强对流天气实况	符合程度
2003 年 6 月 20 日	3.6	淮北	淮北	符合
2005 年 6 月 15 日	3.5	合肥以北	合肥以北	符合
2005 年 7 月 16 日	3.7	沿淮中西部	合肥以北	基本符合
2003 年 5 月 6 日	3.0	沿江西部	沿江江南	基本符合
2003 年 7 月 6 日	2.7	黄山市	江南	基本符合

利用上述不稳定指标和能量指标可以进行定点预报试验[3]。以阜阳 2003 年 3—8 月为例，根据逐日 08 时的高空站资料计算出 A 指数、K 指数、位势不稳定指标 I、能量平衡高度 P_e 和位势不稳定能量 E，对 12 h 以内的强对流天气进行短时预报。据统计 2003 年阜阳共出现 8 日强对流天气，主要出现在下午和傍晚。表 7.4 为对应于各个指标阈值情况下的 2003 年预报试验结果。由表 7.4 可知，从漏报的情况来看，A、K 指数并用的指标、I 和 P_e 的漏报日数相同，皆为 2 日；E 的漏报日数少，为 1 日；因此漏报的次数不多。由于漏报日数和报对日数总和为 8，所以漏报日数多，报对日数就少；反之亦然。从空报的情况来看，都介于 31 和 55d 之间，远大于漏报日数和空报日数，因此必须结合其他指标或采取消空方法才能减少空报现象的发生；A、K 指数并用的指标所对应的空报日数最大，其次为位势不稳定指标，再次为位势不稳定能量，最小的为能量平衡高度。为了评估预报效果，计算各个指标的 CSI、POD 和 FAR。对于 A、K 指数并用的指标而言，$CSI=9.5\%$，$POD=75.0\%$，$FAR=9.8\%$；对于 I 而言，$CSI=10.7\%$，$POD=75.0\%$，$FAR=11.1\%$；对于 P_e 而言，$CSI=15.4\%$，$POD=75.0\%$，$FAR=16.2\%$；对于 E 而言，$CSI=14.9\%$，$POD=87.5\%$，$FAR=15.2\%$。由于 CSI、POD 值较小，因此有必要采取一定的方法，使之得以增加。

表 7.4　阜阳 2003 年预报试验

指标	阈值	漏报日数(d)	报对日数(d)	空报日数(d)
A、K	$A\geqslant10$℃或 $K\geqslant35$℃	2	6	55
I	2.79	2	6	48
P_e	400 hPa	2	6	31
E	4	1	7	39

参考文献

[1] 周后福,郑媛媛,邱明燕.基于数值模式和多普勒雷达的强对流天气预报技术.气象科技,2007,**35**(5):637-641.

[2] 周后福,邱明燕,张建军.基于MM5模式的强对流天气预警系统的建立及其应用.气象与减灾,2007,(2):4-6.

[3] 周后福,邱明燕,张爱民等.基于稳定度和能量指标作强对流天气的短时预报指标分析.高原气象,2006,**25**(4):716-722.

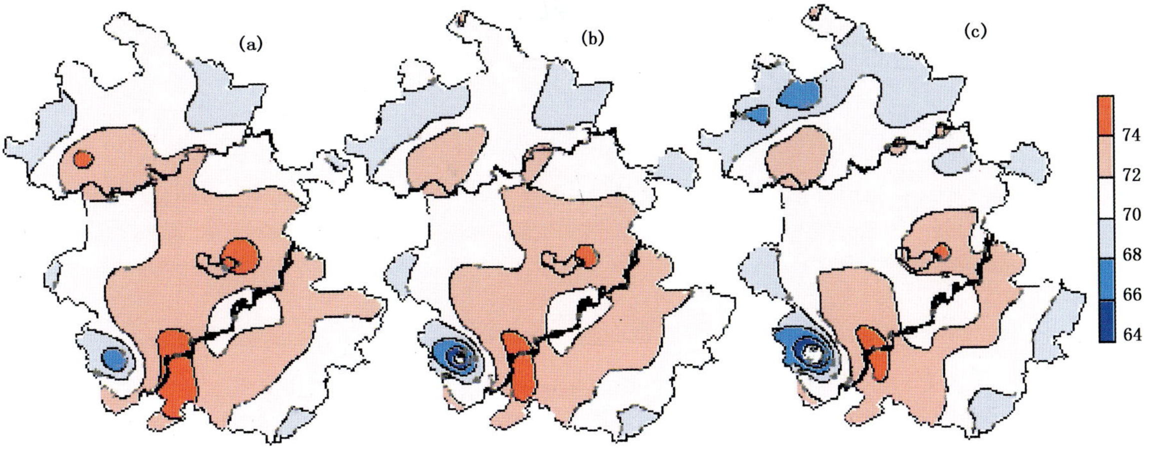

彩图 3.6 2004 年 6—8 月平均地面总能量(单位:J/kg)分布图

(a: 15 时;b: 16 时;c:17 时)

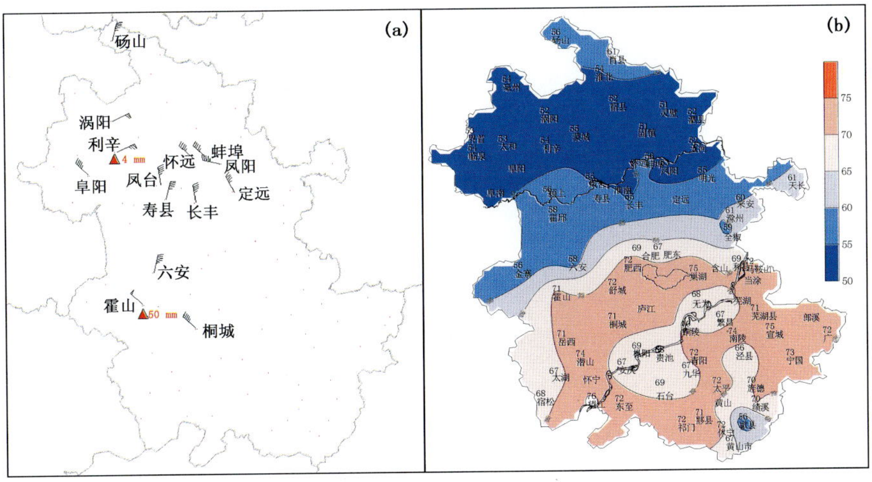

彩图 3.7 2004 年 7 月 8 日强对流天气实况(a)和 20 时地面总能量(b)(单位:J/kg)

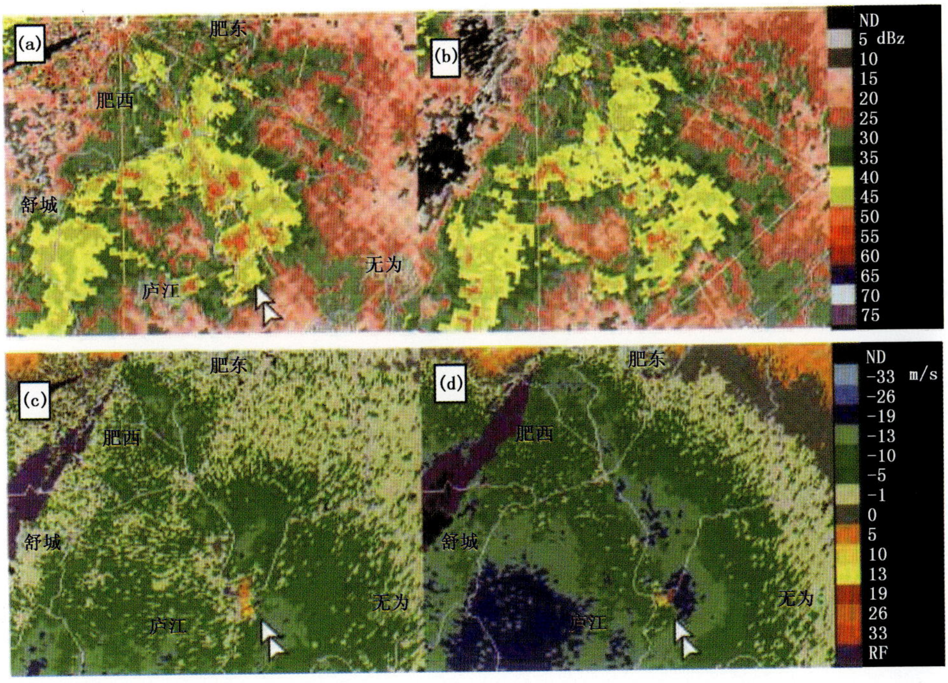

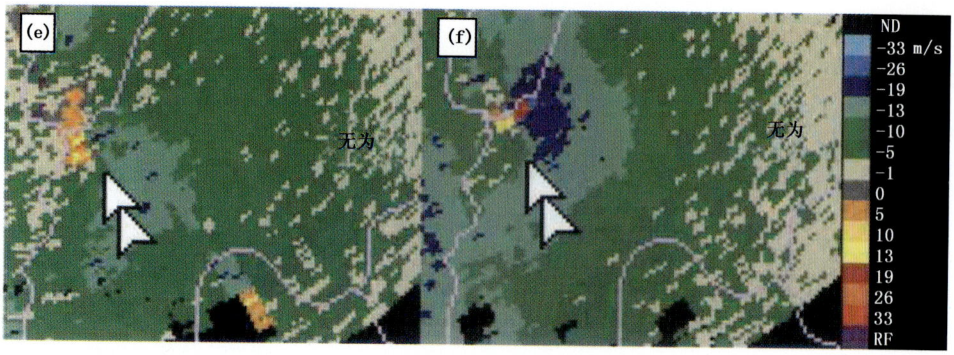

彩图 3.18　2003 年 7 月 8 日 23 时 12 分合肥多普勒雷达回波
（a:0.5°仰角反射率因子；b:1.5°仰角反射率因子；c:0.5°仰角径向速度；d:1.5°仰角径向速度；e:c 图局部放大；f:d 图局部放大）

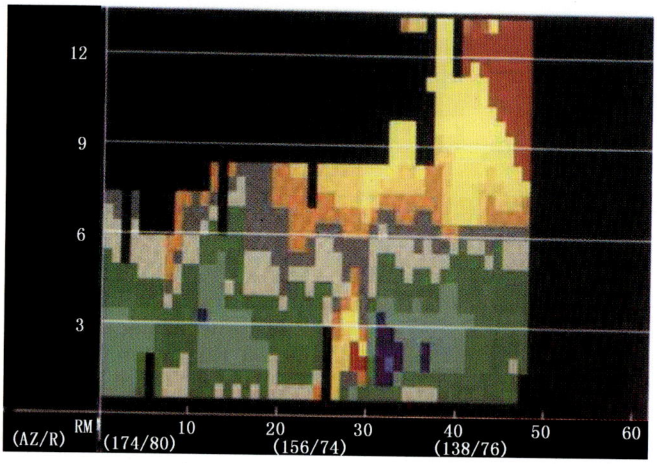

彩图 3.19　通过图 3.18 中小尺度涡旋正负速度对中心且与雷达径向垂直的空间剖面

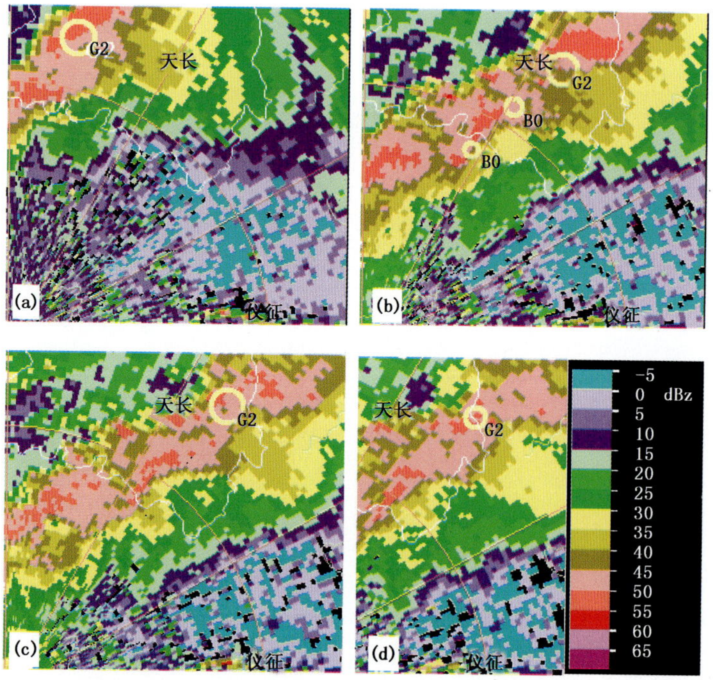

彩图 3.21　南京雷达 7 月 3 日 0.5°仰角的回波强度图

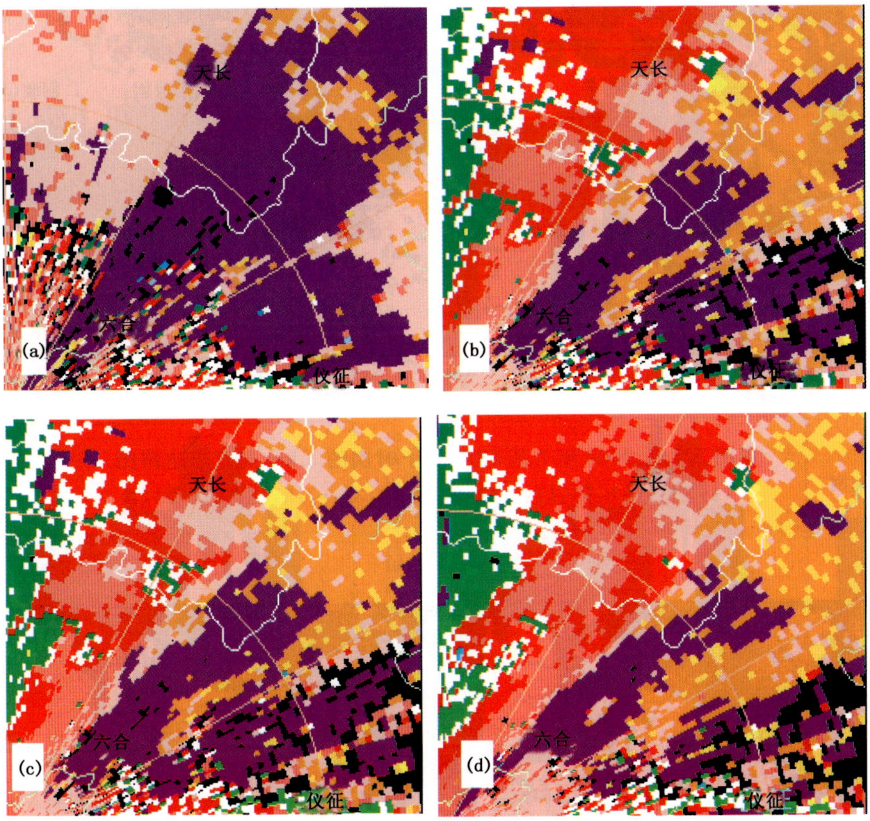

彩图 3.22　南京雷达 7 月 3 日 0.5°仰角基本速度图

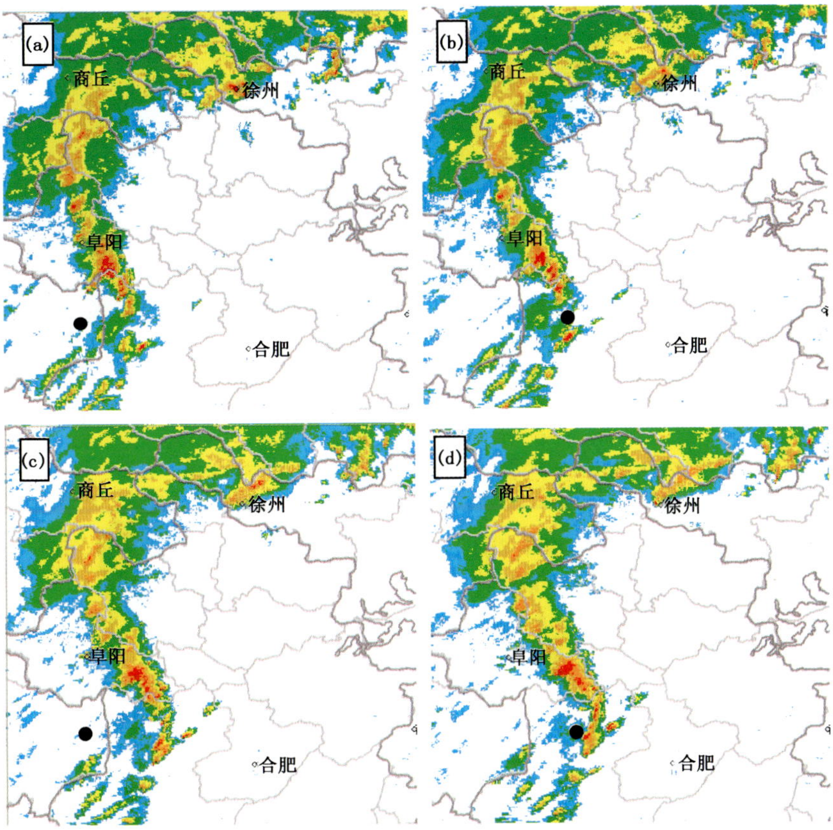

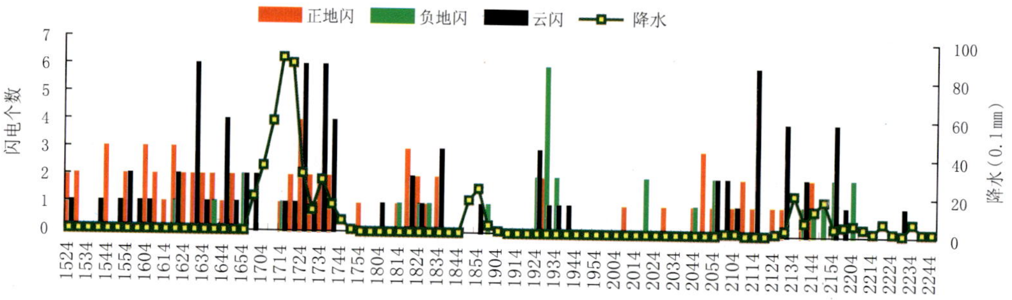

彩图 6.4　2002 年 5 月 27 日冰雹过程的闪电、降水时序图

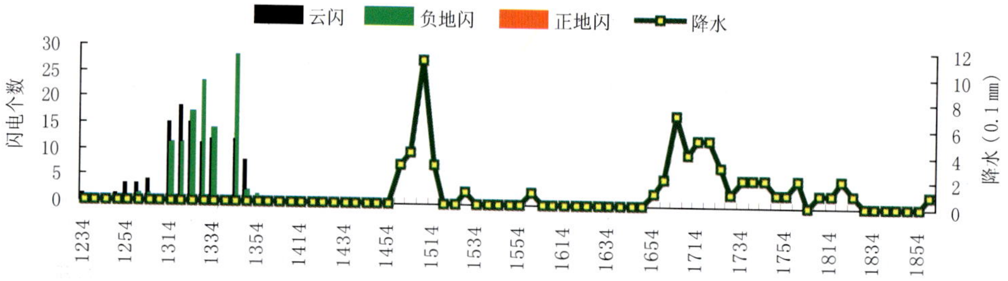

彩图 6.5　2004 年 8 月 24 日滁州闪电、降水时序图

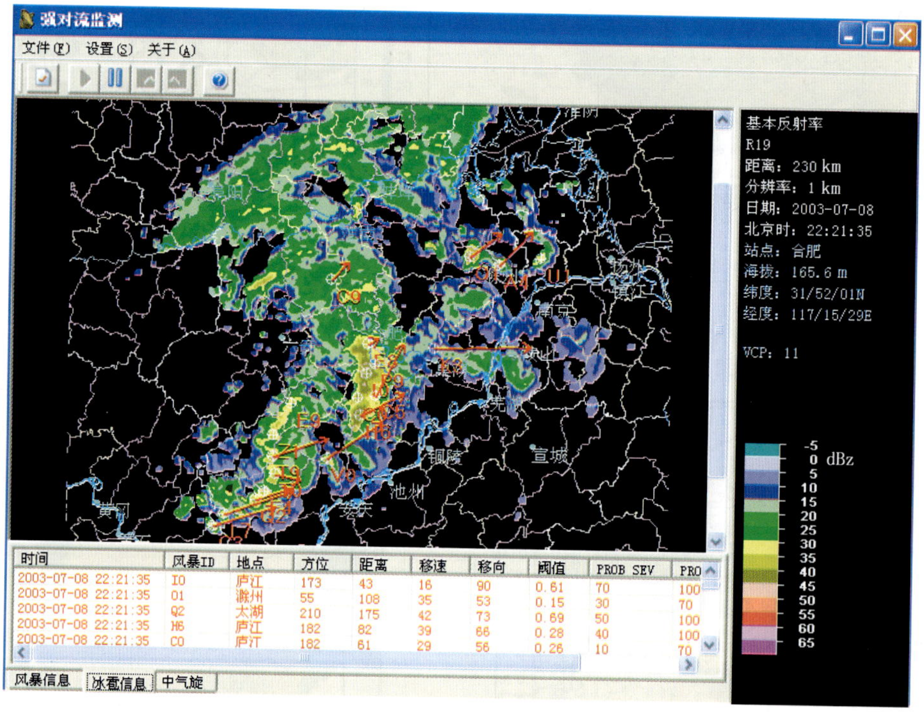

彩图 6.7　雷达监测预警界面图

（编号为识别的强风暴编号，箭头为风暴未来移向，长短代表移速，下同）

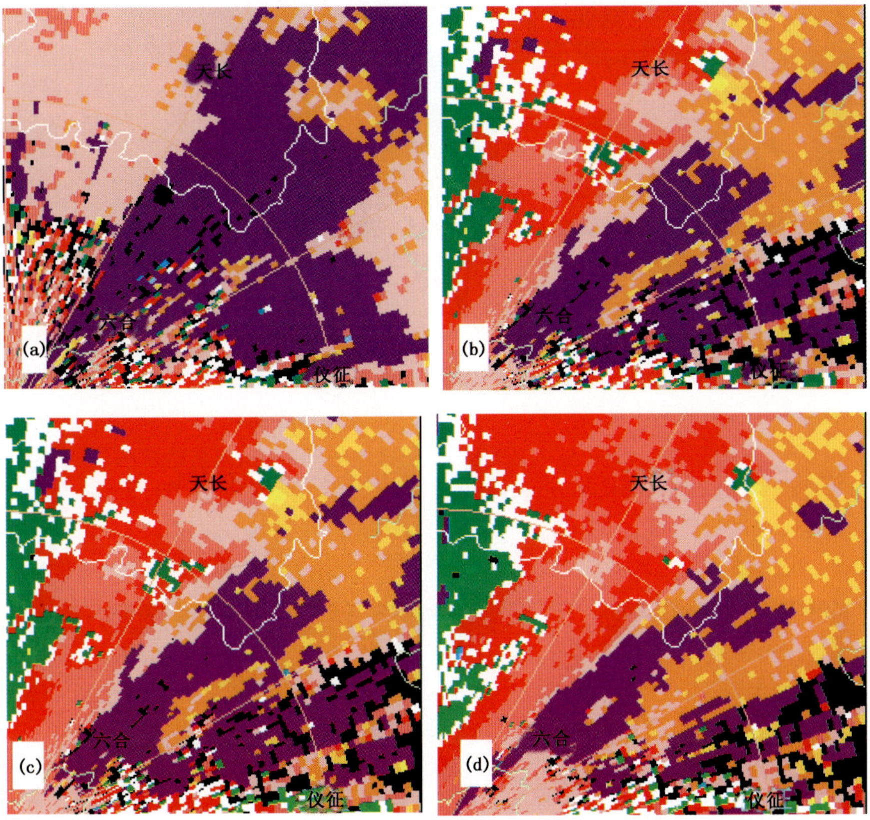

彩图 3.22　南京雷达 7 月 3 日 0.5°仰角基本速度图

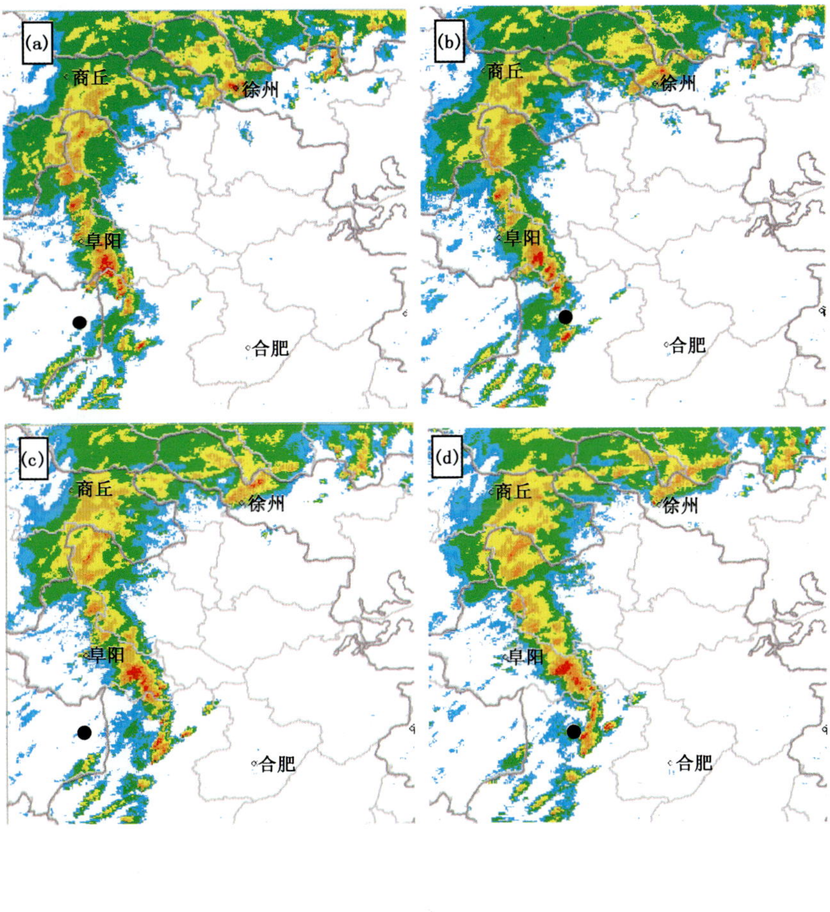

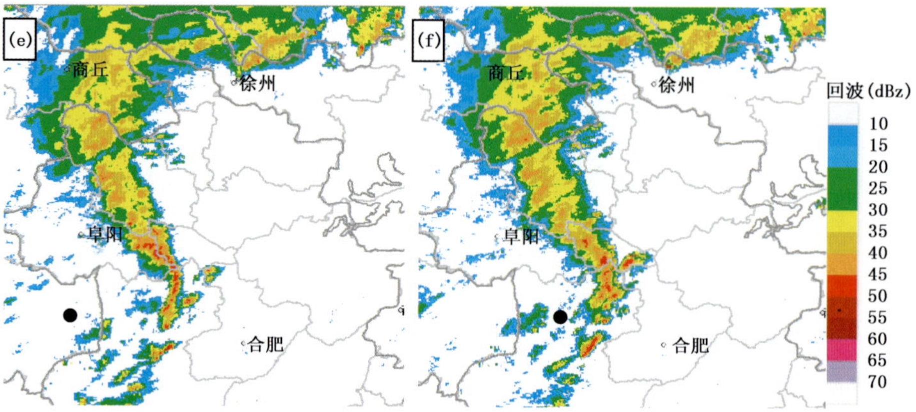

彩图 3.24　2008 年 7 月 23 日 6 个时次的 3 km 高度雷达拼图

(a：13:00;b:13:12;c:13:24;d:13:36;e:13:48;f:14:00)

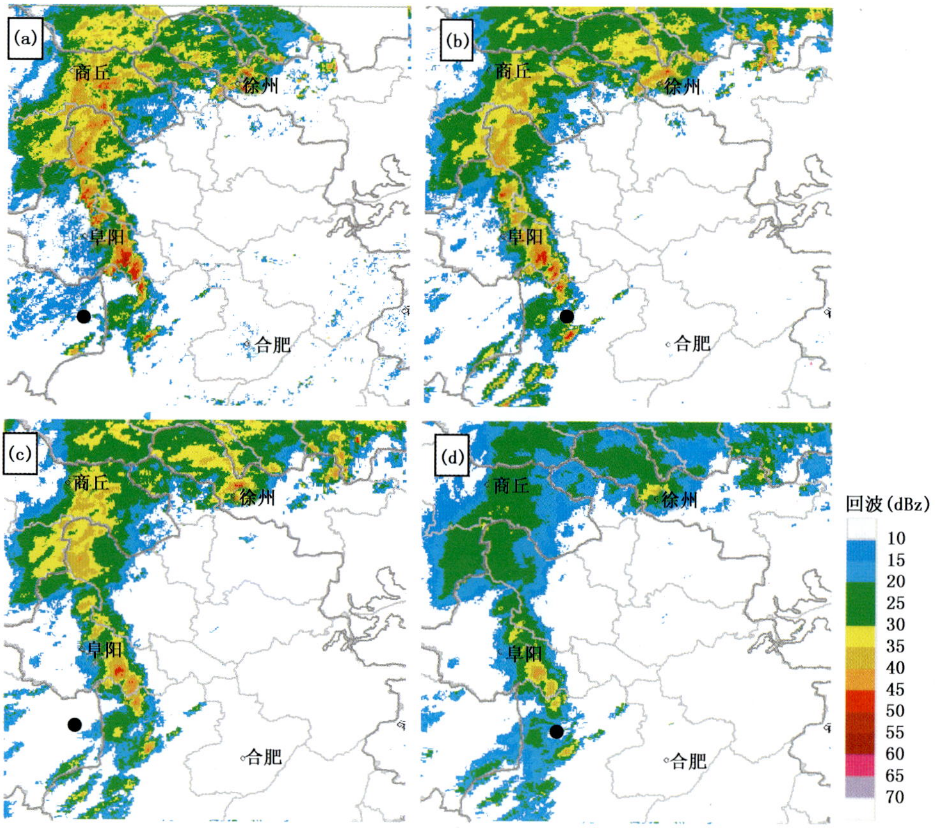

彩图 3.25　2008 年 7 月 23 日 13 时 12 分各高度雷达拼图

(a：1 km;b:3 km;c:5 km;d:8 km)

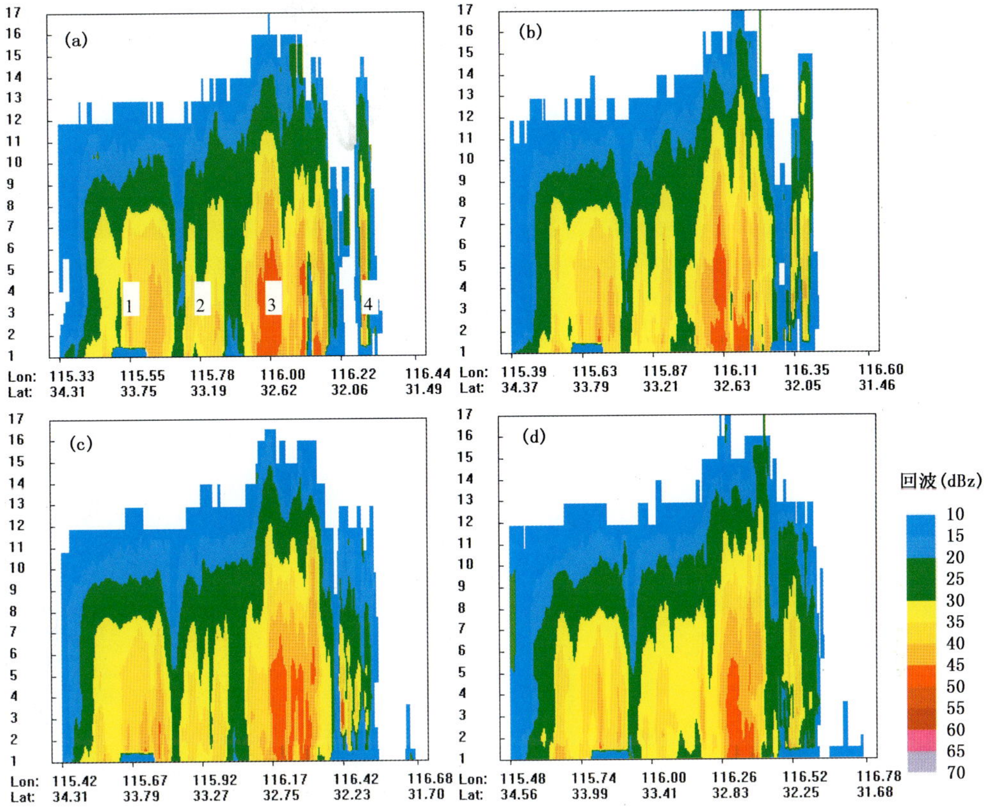

彩图 3.26　2008 年 7 月 23 日雷达回波垂直剖面图(a:13:00;b:13:12;c:13:24;d:13:36)

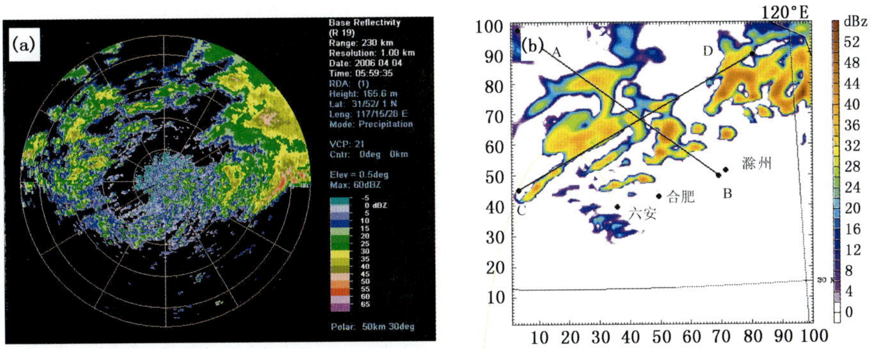

彩图 4.5　2006 年 4 月 4 日雷达回波及其模拟回波

（a：05 时 59 分 35 秒实际回波；b：06 时模拟 3 km 回波）

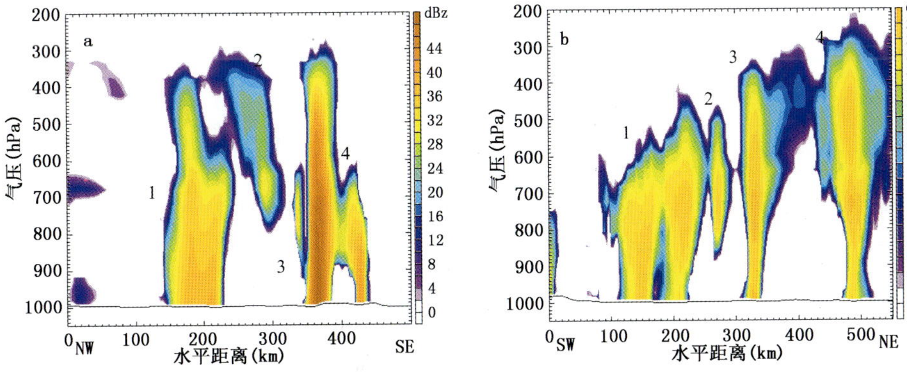

彩图 4.6　2006 年 4 月 4 日 06 时模拟雷达回波（a：AB 段；b：CD 段）

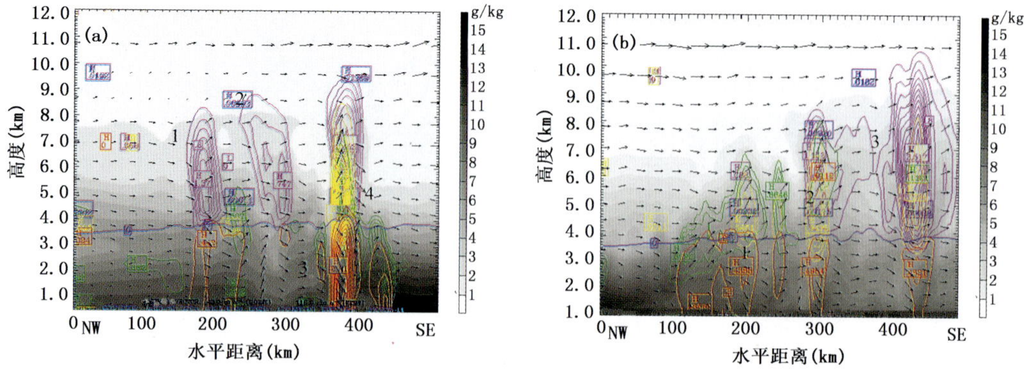

彩图 4.8　2006 年 4 月 4 日 06 时模拟雷达回波剖面图(a：AB 段；b：CD 段)

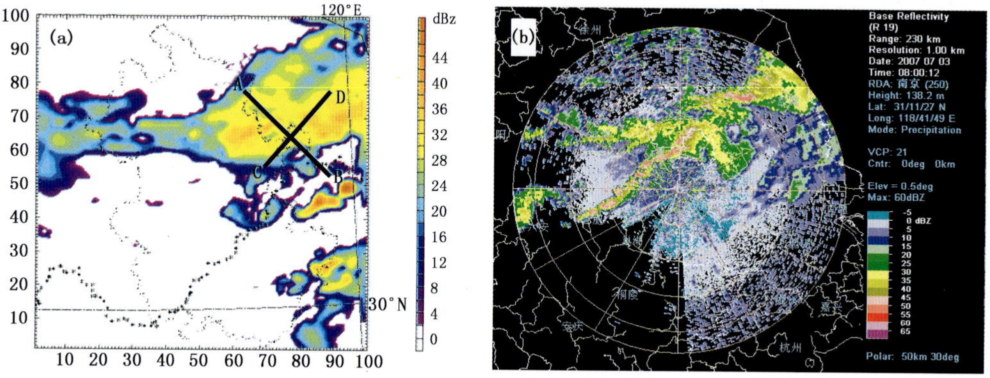

彩图 4.11　2007 年 7 月 3 日 16 时模拟雷达回波和实际雷达回波

(a:16 时 3 km 高度；b:16 时 00 分 12 秒 0.5°仰角)

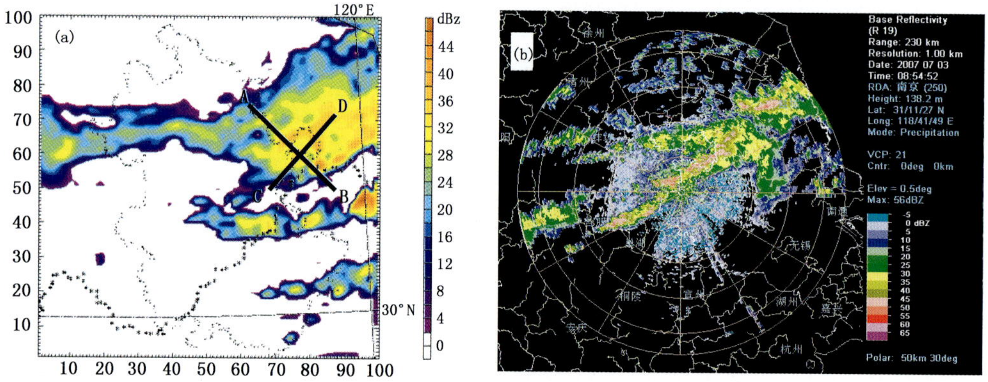

彩图 4.12　2007 年 7 月 3 日 17 时模拟雷达回波和实际雷达回波

(a:3 km 17 时高度；b:16 时 54 分 52 秒 0.5°仰角)

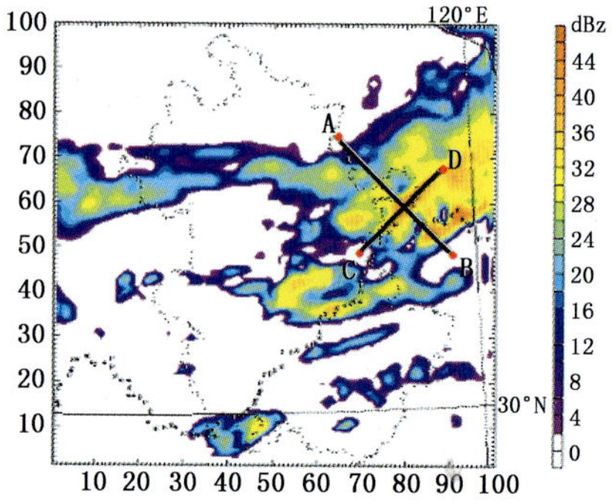

彩图 4.13　2007 年 7 月 3 日 18 时 3 km 高度模拟雷达回波

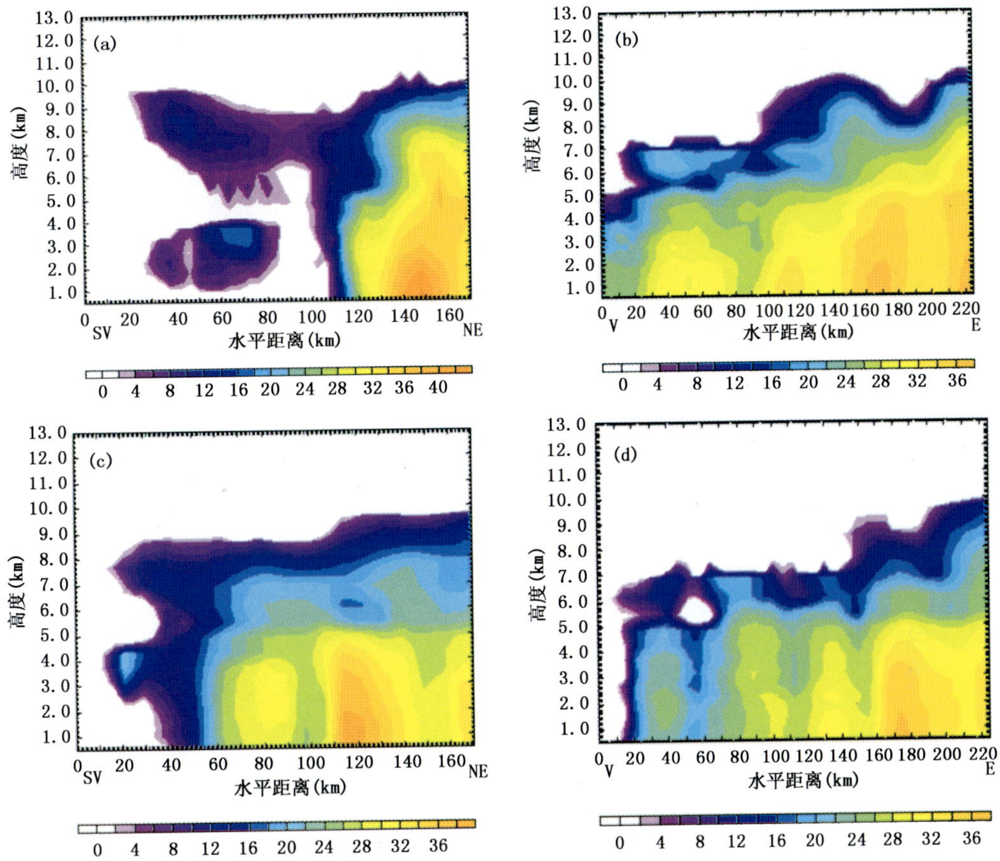

彩图 4.14　2007 年 7 月 3 日模拟雷达回波垂直剖面图

（a：16 时 AB；b：16 时 CD；c：17 时 AB；d：17 时 CD）

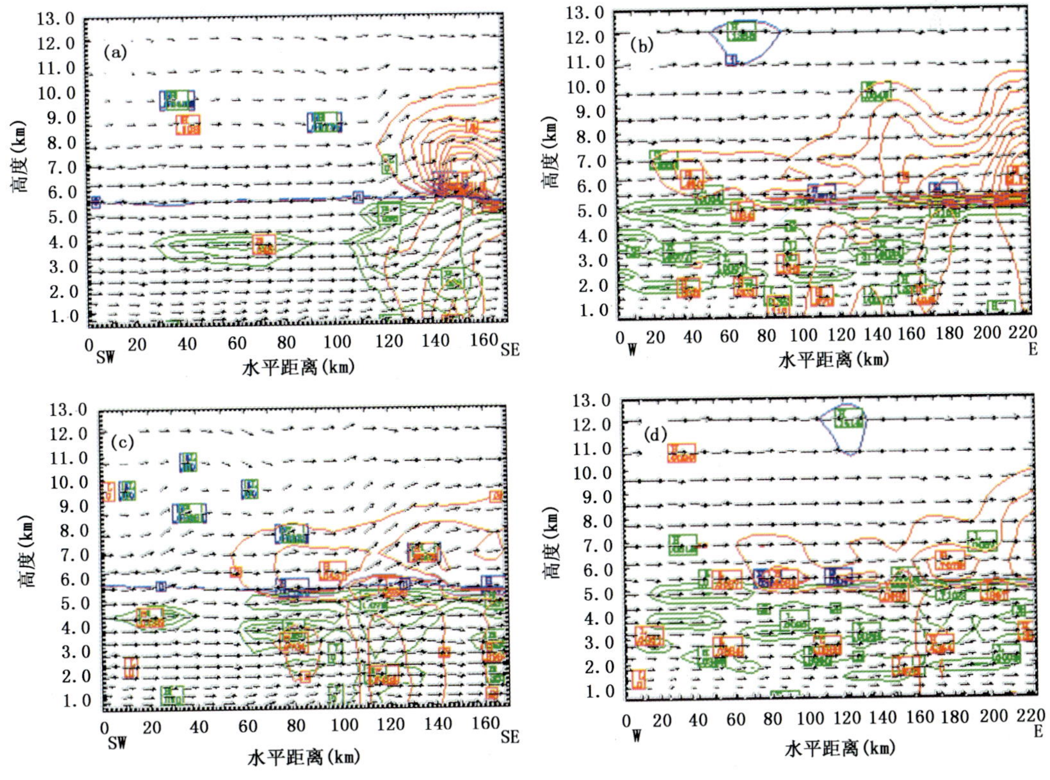

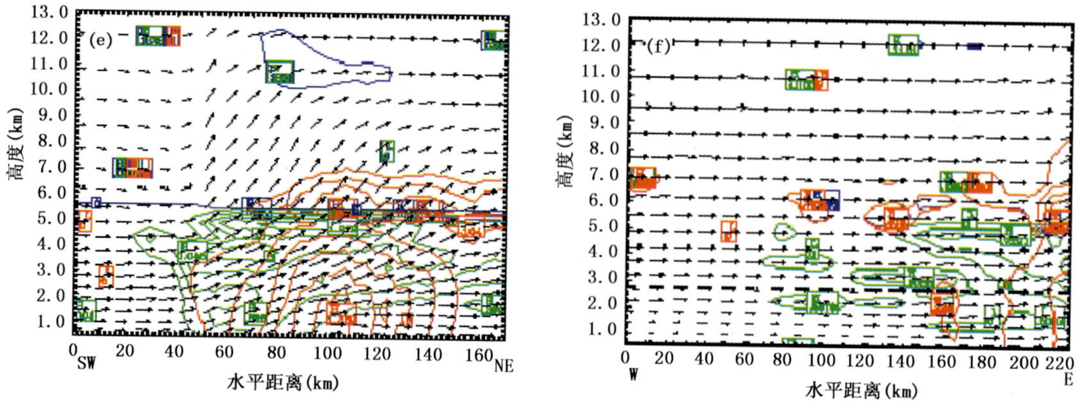

彩图 4.15　2007 年 7 月 3 日物理量垂直结构剖面图

（a：16 时 AB；b：16 时 CD；c：17 时 AB；d：17 时 CD；e：18 时 AB；f：18 时 CD）

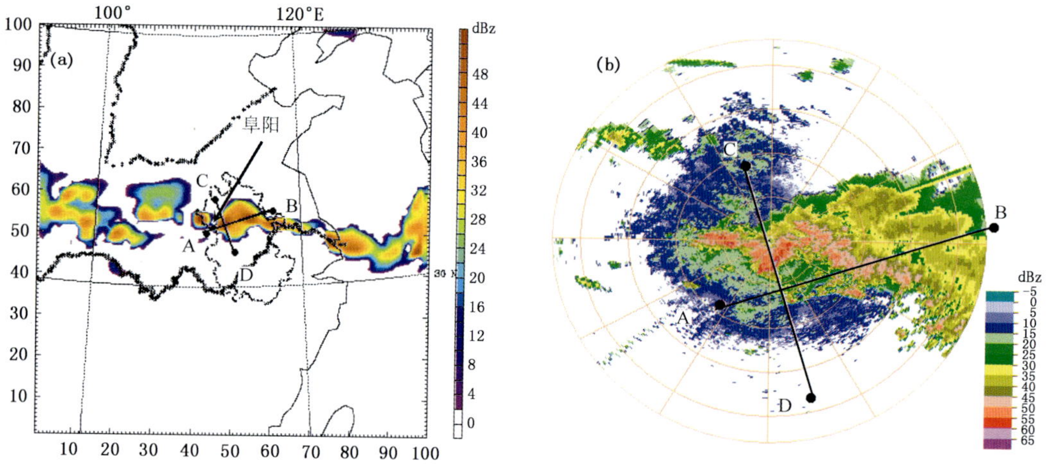

彩图 4.17　2007 年 7 月 8 日模拟回波和实际回波

（a：08 时 3km 高度模拟雷达回波；b：阜阳 08 时 04 分组合反射率）

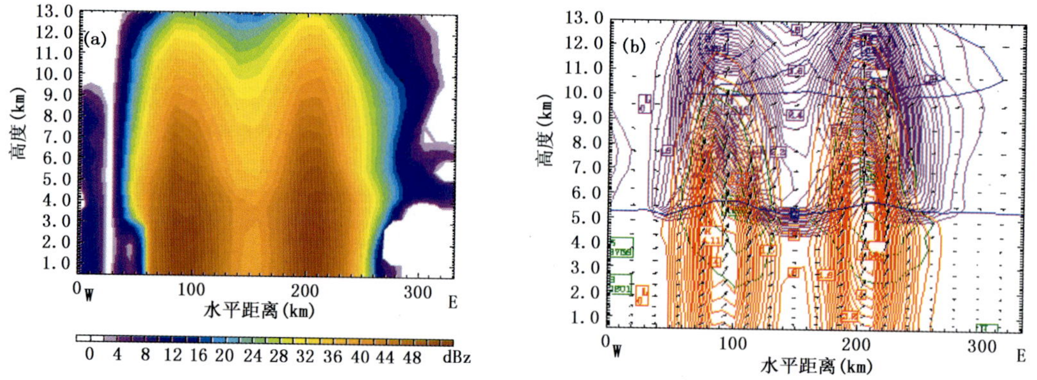

彩图 4.18　AB 连线剖面图（a：雷达回波；b：微物理量）

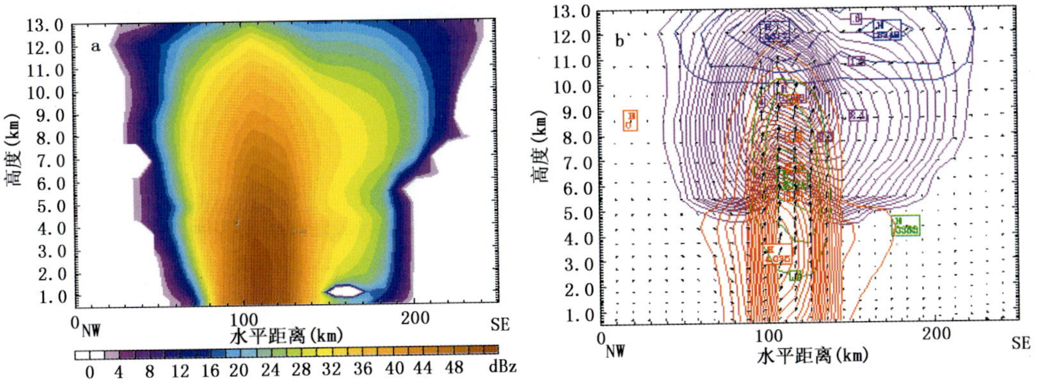

彩图 4.19　CD 连线剖面图(a:雷达回波;b:微物理量)

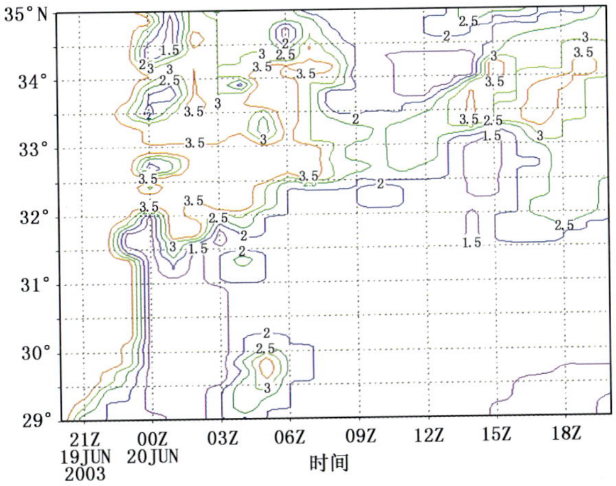

彩图 5.8　沿 117°E 预警指标时序结果

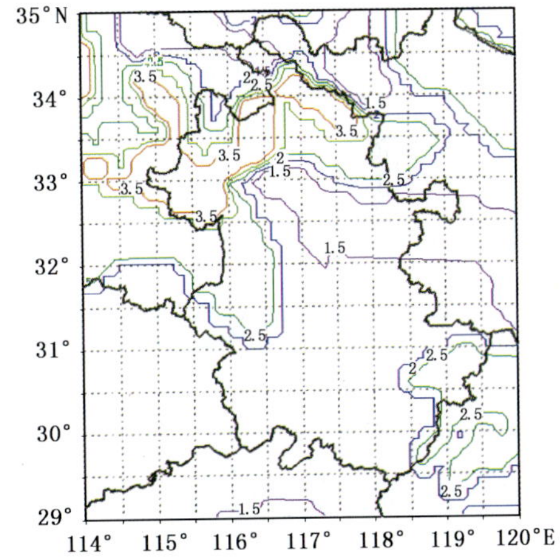

彩图 5.9　预警指标分布图(20 日 15 时)

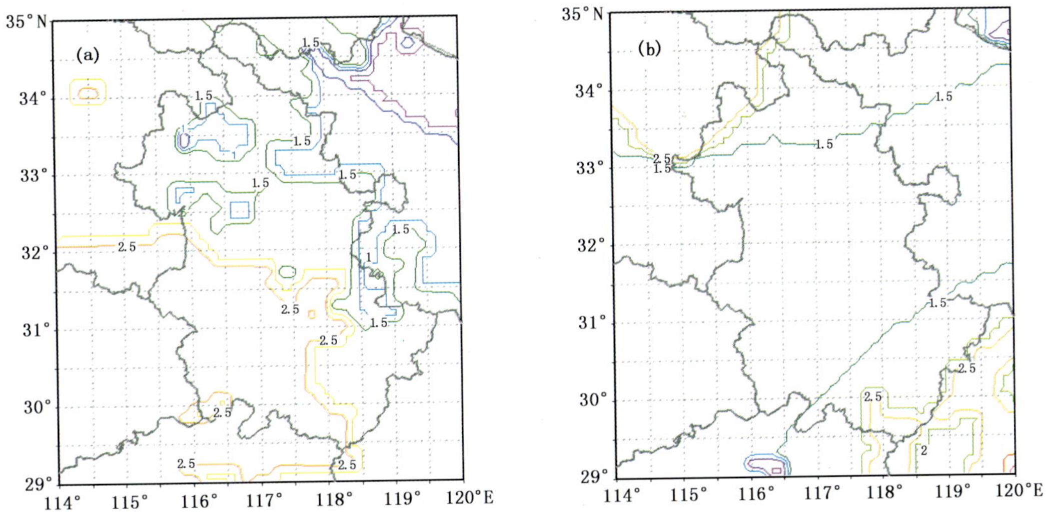

彩图 5.21　预警指标分布图(a:2003 年 5 月 6 日 16 时;b:2003 年 7 月 5 日 15 时)

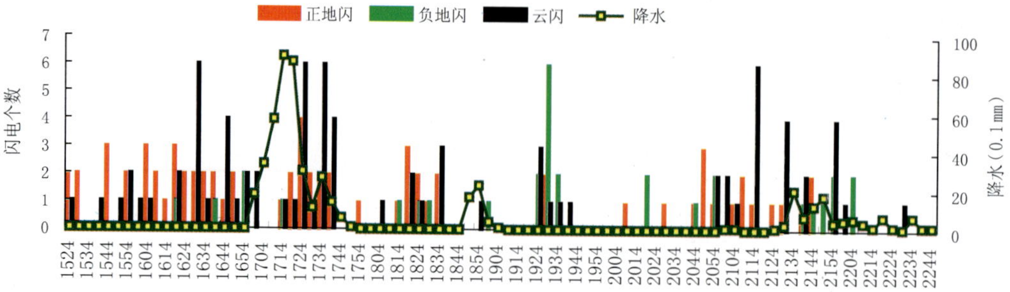

彩图 6.4　2002 年 5 月 27 日冰雹过程的闪电、降水时序图

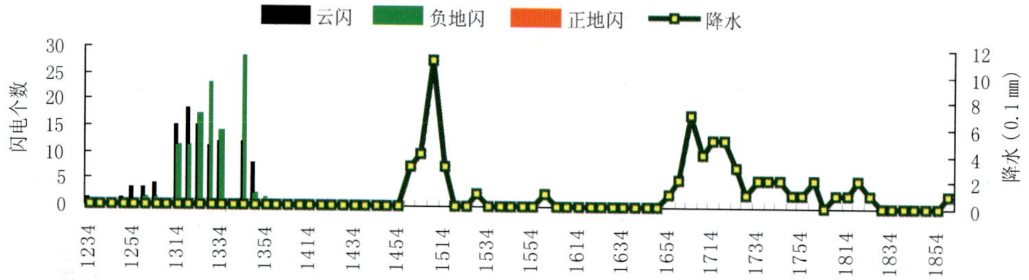

彩图 6.5　2004 年 8 月 24 日滁州闪电、降水时序图

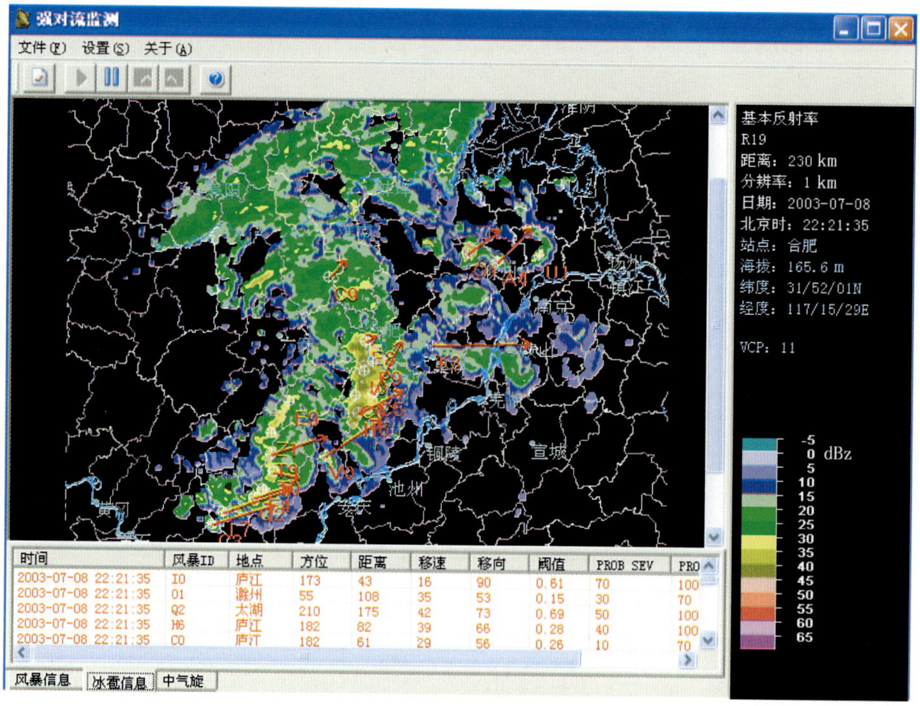

彩图 6.7　雷达监测预警界面图

(编号为识别的强风暴编号,箭头为风暴未来移向,长短代表移速,下同)

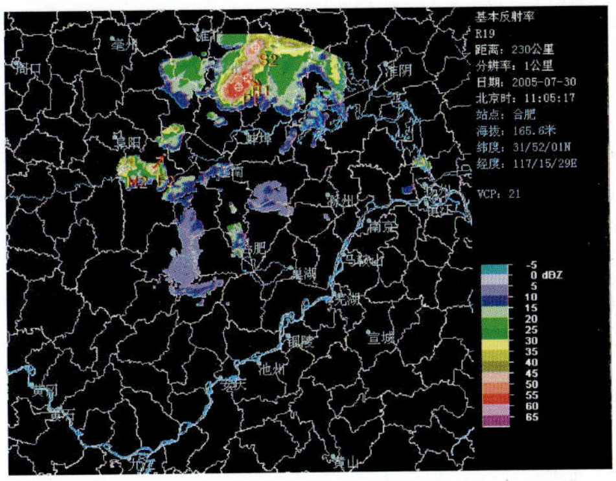

彩图 6.8　2005 年 7 月 30 日 11:05 监测预警界面图

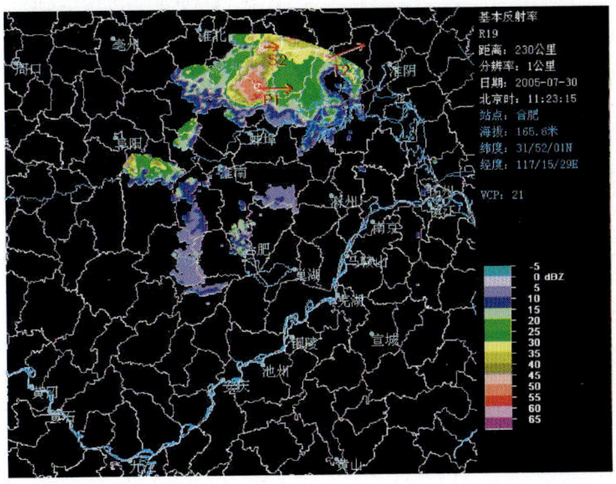

彩图 6.9　2005 年 7 月 30 日 11:23 监测预警界面图

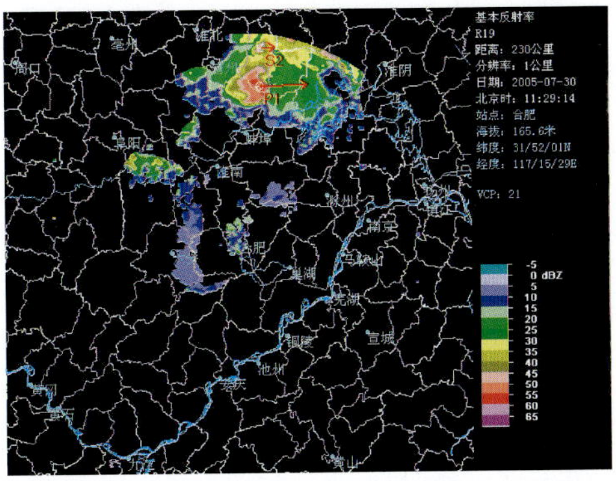

彩图 6.10　2005 年 7 月 30 日 11:29 监测预警界面图

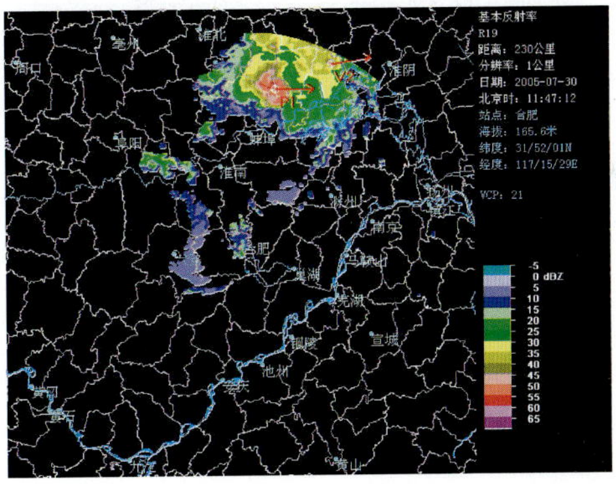

彩图 6.11　2005 年 7 月 30 日 11:47 监测预警界面图

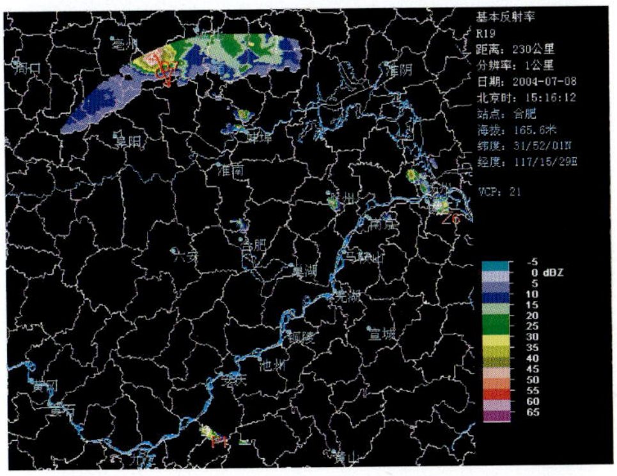

彩图 7.2　2004 年 7 月 8 日 15:16 监测预警界面图

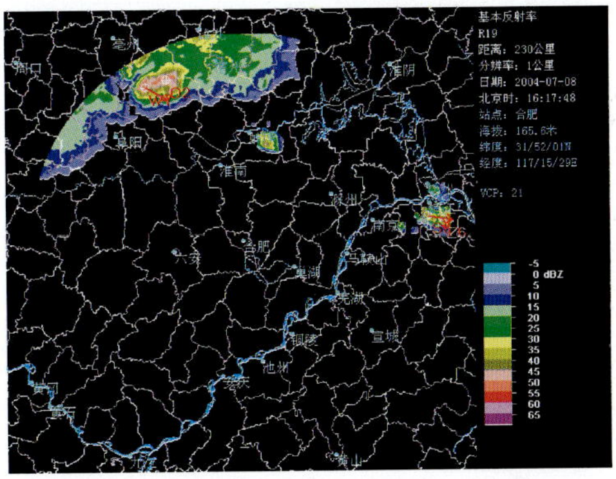

彩图 7.3　2004 年 7 月 8 日 16:17 监测预警界面图

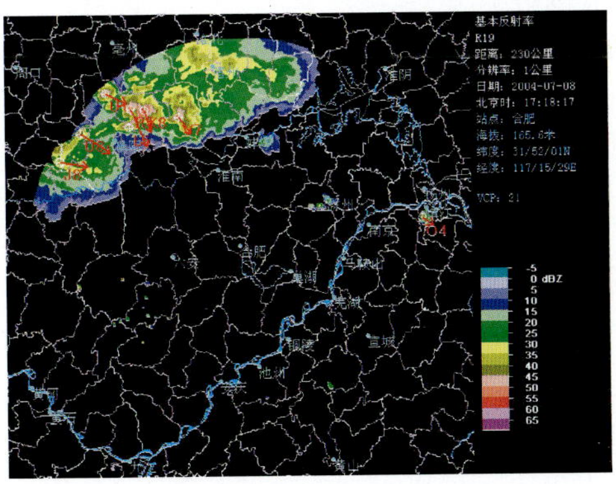

彩图 7.4　2004 年 7 月 8 日 17:18 监测预警界面图

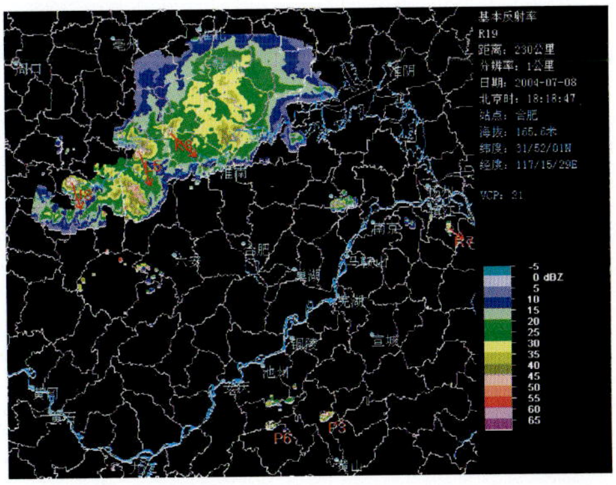

彩图 7.5　2004 年 7 月 8 日 18:18 监测预警界面图

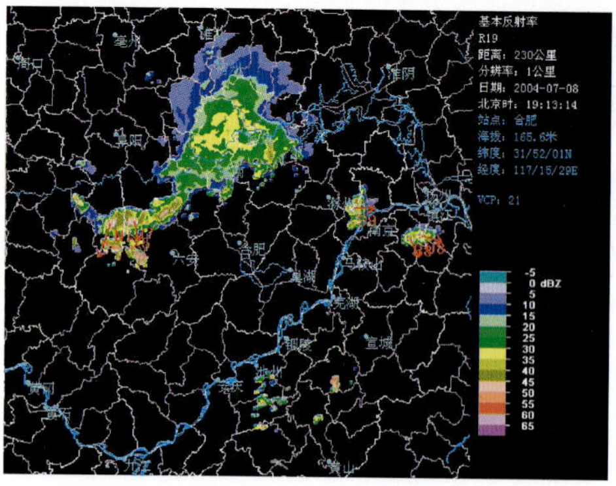

彩图 7.6　2004 年 7 月 8 日 19:13 监测预警界面图

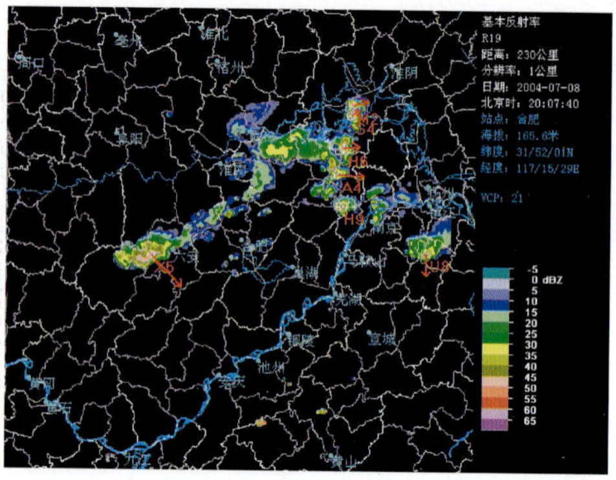

彩图 7.7　2004 年 7 月 8 日 20:07 监测预警界面图

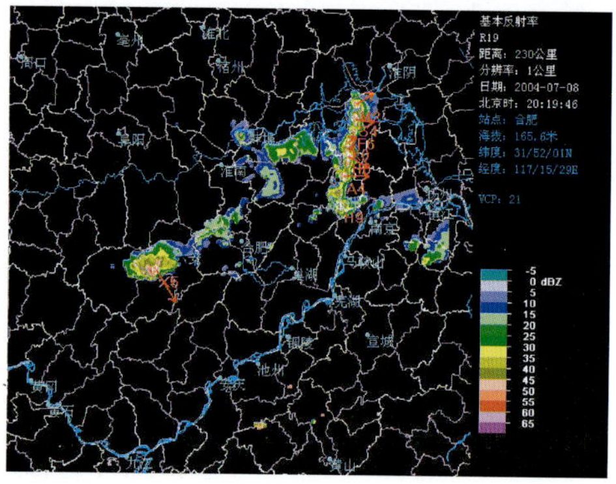

彩图 7.8　2004 年 7 月 8 日 20:19 监测预警界面图

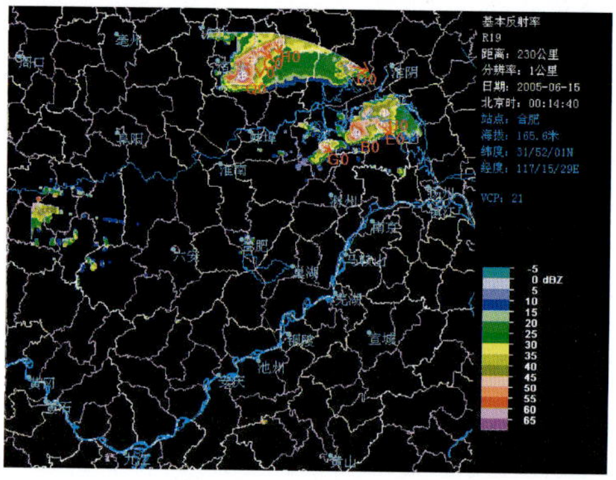

彩图 7.12　2005 年 6 月 15 日 00:14 监测预警界面图

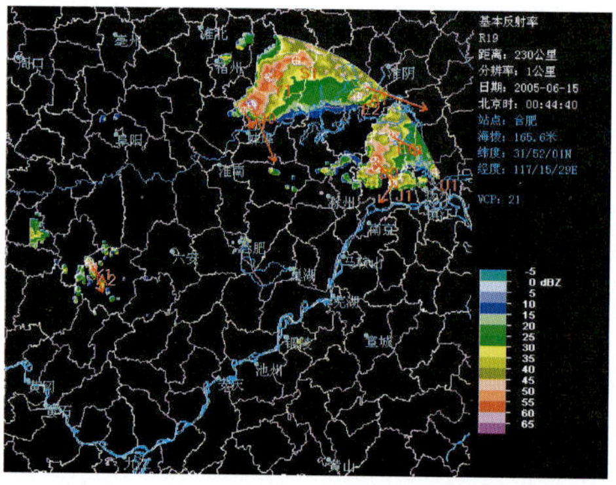

彩图 7.13　2005 年 6 月 15 日 00:44 监测预警界面图

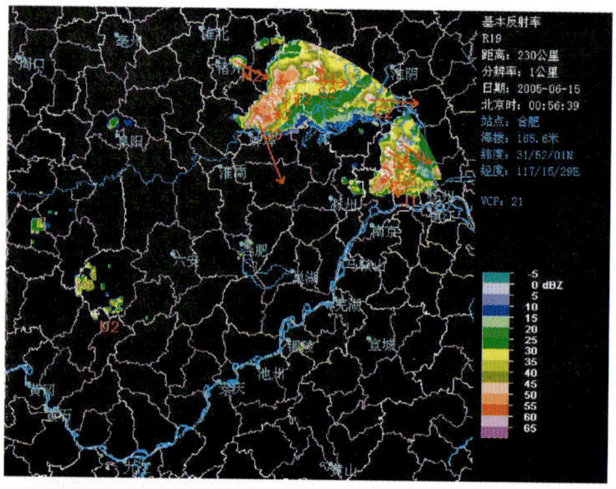

彩图 7.14　2005 年 6 月 15 日 00:56 监测预警界面图

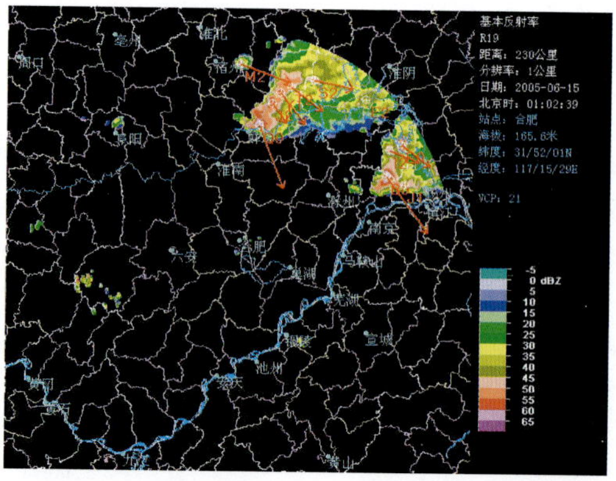

彩图 7.15　2005 年 6 月 15 日 01:02 监测预警界面图